NOTICE
SUR
LE LIMOUSIN AURIFÈRE
ET SUR LES
MINES D'ÉTAGNAC

I. HISTORIQUE

a. Généralités

D'après le géologue B. VILLAIN, le terme « Etagnac » signifierait « Champ d'Etain » et, à l'appui de cette hypothèse, ce savant aurait découvert, sur le territoire de cette localité, des filons de ce précieux métal : « Ils paraissaient « être, écrit-il, (Juillet 1823), de la nature de ceux qu'on a exploités autre « fois et qui ont donné lieu au nom du pays, qui signifie, dans l'ancien dialecte, « Champ d'Etain ».

« Il existe dans la même commune, un petit ruisseau nommé le *Daury* ou « l'*Aury* qui se dirige de la forêt d'Etagnac à la Vienne, au-dessus du village « de Mons. Ce ruisseau, lorsqu'il déborde, charrie des fragments de quartz « contenant une petite quantité d'**Or natif**. » *Statistique géologique 1823* (¹)

D'autres auteurs signalent à Etagnac la présence de l'**Argent natif**. La richesse en argent des minerais d'Etagnac est relatée par divers géographes. On lit notamment dans Joanne : « On a constaté à Etagnac la présence de l'antimoine « mêlé d'argent » (*Edition Hachette*, p. 42).

Plusieurs minéralogistes tels que Coquand, Caillaud, etc., signalent l'existence d'une mine d'antimoine sur le territoire d'Etagnac, mais ne fournissent aucune indication sur la situation et sur la nature du gisement.

Seul, l'éminent directeur du Muséum, A. Lacroix, est plus précis : « **La Stibine** « (*sulfure d'antimoine*), a été rencontrée dans un filon, près du hameau de « Lussac, à l'est d'Etagnac ; elle y est accompagnée d'enduits de *Valentinite*

(1) Extr. certif. par M. de la Martinière, paléographe.

« et de *Kermésite*, Sb^2S^2O, rouge chair. Elle a fait autrefois l'objet d'une « exploitation ». *Minéralogie,* tome II, p. 454.

Enfin, les cartes d'Etat-Major et du Service Vicinal présentent l'indication « **Mine** », auprès d'Etagnac, à environ quatre kilomètres à l'ouest de St-Junien (Hte-Vienne) et sur les bords de la route de Limoges à Angoulême.

Tels sont, à notre connaissance, les seuls documents publiés jusqu'à ce jour sur les gisements d'Etagnac dont les premiers travaux, fort anciens, sont contemporains sans doute, des nombreuses fouilles exécutées sur différents points de la région Limousine et qui ont inquiété et dérouté souvent, par leurs mystérieux vestiges, la sagacité de l'archéologue et du prospecteur.

Le grand ingénieur MALARD, professeur à l'Ecole supérieure des mines, observe que c'est à leur première destination que ces anciennes excavations dans des gisements d'Or, doivent leur nom d'*Aurières*, qui s'est étendu de celles-ci aux villages voisins. [1]

Les découvertes des minéralogistes contemporains, confirmant ces prévisions, ont fait reconnaître la présence de l'Or sur tous ces points ; on a pu comprendre ainsi la signification des noms de pays, de lieux ou de rivières, tels que : Auriéras, Aurance, Aury, etc., et déterminer la cause originale de ces nombreux amas linéaires et pierreux que la tradition locale, oublieuse du passé, assimilait tantôt à des retranchements de « Camps de César », tantôt à des ruines de villes anciennes dont l'histoire était perdue dans la profondeur du temps.

Malard attribue aux Gaulois ces énormes travaux miniers ; il estime qu'une grande prospérité régna dans cette contrée dont les richesses excitèrent la convoitise des peuplades de la Gaule « **à un aussi haut degré que, de nos jours, la Californie celle du Monde entier** ».

Après avoir rapproché ces gisements de ceux d'Australie et de Californie où le *mispickel* et la pyrite de fer accompagnent toujours l'or, Caillaux ajoute : « Doit-on s'étonner de ne rien savoir à cet égard, quand on pense que, depuis « les Gaulois ou les Gallo-Romains jusqu'à nos jours, aucune tentative sérieuse « n'a été faite sur ces gisements ? » Malard, Caillaux et plusieurs autres retrouvèrent dans la chaine de Blond et aux environs, après l'Inspecteur général de Cressac, lui-même, qui les avait le premier signalées, des alluvions tenant de 120 à 1000 grammes d'or à la tonne ! [2]

(1) *Ann. des Mines* 1867.

(2) *Caillaux*, p. 264.

L'étain, le wolfram et l'or furent ainsi découverts en proportions notables dans la vallée de la Glayeule parmi des déblais et décombres d'une vieille mine que la tradition locale identifiait par erreur aux ruines d'une ancienne cité Gauloise, la « Villa-Doulper ».

La complexité de ces minerais, dans lesquels le wolfram, la cassitérite avoisinent souvent le mispickel, la stibine, la molybdénite, la pechblende, le fer titané, la chaux tungstatée, etc., a pu rendre, il est vrai, les lavages très difficiles et s'opposer même, dans certains cas, à l'extraction chimique de l'or.

Il n'y a que peu de temps, deux ans à peine, que les méthodes de traitement des minerais antimoniés et arsénicaux, en vue de l'extraction de l'or, ont atteint les perfectionnements désirables et c'est ce qui explique sans doute, beaucoup mieux que toute autre considération d'ordre économique, pourquoi la France, réputée si riche en mines d'or, a été délaissée jusqu'ici, au profit de régions éloignées dont les filons aurifères, certainement plus pauvres, présentent des gangues qui s'opposent moins, pendant les traitements mécaniques et chimiques, à l'isolement et à l'extraction du précieux métal.

Les anciens, négligeant les minerais complexes ou trop disséminés, recherchaient surtout, dans ces gisements Limousins, l'or en pépites ou en grosses paillettes et ils n'ont interrompu leurs travaux dont la main d'œuvre était exclusivement fournie par des esclaves ou des condamnés, que lorsque, par l'effet de la civilisation envahissante, et par le relèvement simultané de la dignité et des charges individuelles dans le pays conquis, l'élévation du taux des salaires est devenu une entrave à l'exercice de cette fructueuse industrie.

Sans entrer dans le détail des méthodes technologiques, nous pouvons dire, en effet, que, jusqu'à nos jours, la concordance de la main d'œuvre économique et de l'abondance de l'or natif en pépites ou en paillettes macroscopiques (visibles à l'œil nu), a été la condition essentielle d'exploitabilité des mines d'or.

Aussi ne faut-il pas s'étonner si cette industrie (l'orpaillage) s'est localisée dans les contrées lointaines et quelque peu barbares. Cependant la raréfaction des sables riches et la crise ouvrière ont conduit les mineurs à rechercher dans les améliorations industrielles l'exploitabilité des couches « non payantes » et le génie des inventeurs a doté ainsi l'industrie des mines d'or de réserves minérales d'autant plus fortes que la teneur limite était d'autant plus abaissée.

C'est ainsi que nous devons citer, parmi les découvertes récentes, le broyage à sec, imaginé par Périer de la Bathie, qui permet de supprimer cette forte dépense d'eau, qui a été, au début des exploitations, une très grosse difficulté et surtout d'éviter la production de boues fines (slimes) qui entraînent 20 % d'or et représentent elles-mêmes près de 20 % du minerai traité.

Le rendement considérable du célèbre procédé Mac-Arthur, basé sur la cyanuration directe des minerais broyés, a brusquement déterminé vers 1895 la prospérité inouïe des mines d'or et particulièrement la faveur extraordinaire des nouveaux gisements du Witwatersrand, (dont la production atteignait 270 millions en 1897), la reprise de toutes les mines du Transvaal, marquant déjà, par la surexcitation des convoitises et par les compétitions de territoires aurifères, le prélude de la guerre Anglo-Boër.

L'emploi du « *tube-mill* » a facilité depuis le problème du broyage et a permis une extraction plus complète de l'or. Si nous remontons seulement de quinze ans en arrière, nous voyons que, vers 1890, on savait à peine extraire 50 % de l'or contenu dans les minerais ; vers 1895 la cyanuration, encore imparfaite, permettait déjà d'arriver à 80 % ; on a atteint 90 % en 1899 ; puis 92 % en 1901 et enfin, grâce au *Tube-Mill*, on dépasse presque le superbe résultat de 95 %.

Cependant ces nouvelles méthodes n'étaient pas applicables aux mines d'or françaises et ce sont seulement des découvertes toutes récentes (1905 et 1906) qui ont victorieusement résolu le problème de l'extraction électro-métallurgique de l'or des minerais antimonieux et arsénicaux. Déjà plusieurs régions de France, la Mayenne, le Cantal, le Puy-de-Dôme, l'Aude, riches en gisements de cette nature, bénéficient d'une prospérité minière inouïe.

La production journalière du seul département de l'Aude, envoyée en Angleterre, en Allemagne ou traitée sur place, va dépasser 50 tonnes de mispickel aurifère, tenant de 15 à 50 grammes d'or, au 1000 kilos, ce qui représente une extraction annuelle de 3 à 400 kilos de métal précieux.

Il résulte clairement de ce qui précède qu'une importante évolution, annoncée depuis quelques années par l'ingénieur distingué Francis Laur, et déjà escomptée par quelques capitalistes avisés, se produit actuellement en France dans l'industrie extractive des métaux précieux.

Grâce aux derniers progrès de l'industrie, l'attention du monde financier ne tardera pas à se détourner des entreprises lointaines pour se concentrer sur les mines d'or françaises dont les immenses réserves, encore vierges, peuvent assurer aux capitaux de concours, sous l'incessant et plus facile contrôle des administrateurs, un plus large revenu et une plus grande sécurité de placement.

Le moment est donc venu d'attirer spécialement l'attention des mineurs sur le Limousin aurifère et, en particulier, sur la région d'Etagnac.

b. — Historique de l'ancienne exploitation d'Antimoine d'Etagnac.

> « En France, les documents, les traditions manquent
> « et presque tout est à refaire, comme si le pays était
> « inexploré . . . .
> . . . . « On n'a donc qu'à reprendre, avec les
> « méthodes modernes, des travaux dont il reste des
> « traces et même souvent des plans authentiques. »
>
> LE VERRIER. (1).

Une aurière présumée, un vague tumulus, restes probables d'une exploitation primitive, quelques fragments d'anciennes poteries et des débris de bronze, plusieurs termes géographiques significatifs, les traditions plus précises sur les « Orpailleurs de la Vienne », tels sont les seuls documents historiques, agrémentés des légendes locales, que l'antiquité et le moyen-âge nous ont légués sur l'industrie des mines de la région de St-Junien et d'Etagnac.

Nous avons trouvé néanmoins dans ces quelques indices, accentués par les présomptions favorables du monde savant, les encouragements nécessaires pour entreprendre des investigations, aussi patientes que laborieuses, qui nous ont permis de retrouver non seulement les traces du gisement d'antimoine et l'emplacement exact des mines, mais encore les plans des travaux et des écrits relatifs à leur dernière exploitation.

Ce n'était pas chose facile que de résoudre un semblable problème, n'ayant pour nous seconder dans notre tâche, ni la complaisance des populations rurales, enclines à repousser les incursions des prospecteurs, prétendus perturbateurs des paisibles campagnes ; ni la possibilité de suivre la roche nue, sans effectuer de multiples sondages à travers la terre arable, cachée, elle-même, sous la luxuriance des cultures fourragères. Il est bon d'ajouter qu'il ne fallait attendre aucun secours des archives de l'Arrondissement Minéralogique, qui, déplacées plusieurs fois depuis un siècle, ont dû disparaître en partie, au cours de leurs pérégrinations à travers la Province, pour venir s'échouer dans les fonds des Archives de la Hte-Vienne où elles furent, elles-mêmes, la proie des flammes, lors de l'immense incendie qui détruisit une partie de la ville de Limoges, le 15 Août 1864.

(1) Préface de l'ouvrage de M. Castelnau sur les Mines d'or de la France.

Opérant comme nous l'eussions fait en une contrée lointaine inexplorée, notre premier soin fut d'examiner les alluvions du pays pour y rechercher les éléments caractéristiques de sa minéralisation.

Quelques essais de lexiviation des sables du Daury ou de l'Aury et des ruisseaux voisins, petits affluents de la rive droite de la Vienne, nous donnèrent un résidu noirâtre, très dense et légèrement magnétique, dans lequel un examen microscopique permit de discerner des cristaux de *Brookite* $Ti\ O^2$, d'*Anatase*, de *Titane rutile*, de *Cassitérite* et quelques grains arrondis de *Zircon* $Zr\ Si\ O^2$.

L'ensemble de ces résidus de lavage, difficiles à isoler les uns des autres par les moyens usuels, mais débarrassés de la plus grande partie des minéraux du titane par la méthode de Westphal, tenait jusqu'à 30 grammes d'or à la tonne. Cette teneur justifiait déjà les dires du savant géologue Villain ; mais nous n'avons pas remarqué les paillettes d'or natif qu'il signale en cet endroit. Peut-être eut-il fallu creuser plus profondément dans le lit de ces cours d'eau, ce que nous n'avons pas eu la persévérance d'entreprendre, la question étant d'ordre secondaire. En poursuivant nos recherches sur les bords de la Vienne, au sud d'Etagnac, en un point où les rives sont tourmentées par l'émergence des diabases et du granite, au milieu des schistes cristallins, nous avons observé quelques filons de quartz légèrement imprégnés de pyrite arsenicale à demi décomposée, mais sans discerner la moindre trace de stibine, ni sur les affleurements rocheux, ni dans les terres remuées des champs environnants.

Il est vrai que la stibine est très altérable à l'air ; exposée à l'action oxydante et corrosive des eaux pluviales et des terres bourbeuses, elle se transforme, à la longue, en produits complexes, mélanges de Sénarmontite et de Cervantite, en masses caverneuses d'apparence amorphe.

Nous allions abandonner nos recherches, après quelques mois de prospection infructueuse, lorsqu'ayant fait analyser un bloc d'aspect calcaire ou marneux, arraché au ballast d'un chemin vicinal, au milieu de plusieurs autres semblables, l'analyse révéla 40 % d'antimoine. Le doute n'était plus permis : en cet endroit le sol était littéralement empierré avec du minerai d'antimoine, rendu méconnaissable par une surexposition séculaire, à l'action des intempéries. Sur un seul point et en quelques heures, il fut possible d'extraire de la chaussée plusieurs centaines de kilos d'excellent minerai, titrant en moyenne, 60 %.

Le gisement devait être à proximité et, cependant, aucun indice extérieur ne trahissait l'existence de travaux souterrains. Sur le cadastre, il est vrai, une parcelle voisine, figurant sous cette appellation significative : « *Bal de la Mine* », aurait été le rendez-vous hebdomadaire des mineurs, au dire d'une nonagénaire du hameau de Mons, la veuve Martinot. Cette femme se rappelait également avoir visité, aux environs de Lussac, *une fonderie* appropriée au traitement de l'antimoine.

Dans le voisinage on voit encore, en effet, des restes de poteries et des ruines de massifs en briques réfractaires.

Nous avions l'occasion d'enregistrer, d'autre part, les souvenirs d'un vieillard de Lussac, M. Jean Delavie, qui assurait avoir parcouru, pendant sa jeunesse, plus de 200 m. de galeries souterraines, allant du Nord au Sud et aboutissant au fond d'un puits, profond d'une trentaine de mètres, d'où l'on extrayait un minerai gris d'argent.

Le passage suivant d'un acte notarié, déposé aux minutes de Mᵉ Guion, notaire à St-Junien, venait confirmer et préciser les déclarations de ce témoin oculaire :

« M. Delavie fait observer que sur une parcelle de chataigneraie au lieu dit « " *les Aiguillons* ", il existe *trois puits*, dont deux servaient à l'exploitation « d'une mine, que ces puits ont été comblés, à l'orifice, au moyen de madriers « (sur ordre de l'Administration municipale), pour éviter les accidents qui « auraient pu se produire ; et que cette exploitation a cessé depuis environ « soixante dix ans. »

Par suite d'une erreur du cadastre, nos prospections sur les parcelles indiquées restèrent sans résultat jusqu'au jour où, les ayant dirigées vers la région du Manoir des Brosses, situé au N. E. de Lussac et appartenant à M. Bernard, conseiller municipal d'Etagnac, il nous fut possible, avec son concours, de mettre à nu sur ses terres, les affleurements du filon et l'ouverture d'une galerie éboulée.

Enfin, grâce à l'aimable collaboration de M. Leroux, le distingué paléographe de la Hᵗᵉ-Vienne, nos recherches dans un vieux fonds d'archives, amenèrent la découverte d'un plan de surface à demi carbonisé et de quelques notes manuscrites relatives à l'histoire d'Etagnac. Bien que ces documents fussent très incomplets, il devenait désormais facile de déduire de leur corrélation avec nos observations superficielles, les caractères géogéniques du gisement et de reconstituer l'état-civil de la mine d'antimoine.

∴

Délaissée par les anciens à une époque très reculée, elle fut signalée à l'attention des spécialistes vers le commencement du XIXᵉ siècle par le minéralogiste Alluaud, collaborateur du grand géologue Brogniard et qui était, au dire de ce dernier, " l'industriel le plus instruit de son temps " (1).

(1) Alluaud dont le nom est intimement lié à l'histoire de la porcelaine, fut maire de Limoges sous Louis Philippe. (*Lamy. Encycl.*)

Alluaud avait mis en évidence, par des travaux remarquables (1) les principales richesses minérales du Limousin. Il fit de louables efforts pour attirer l'attention du Gouvernement sur nos gisements d'antimoine, alors que l'Autriche et la Hongrie, troublées dans leur tranquillité, avaient interrompu l'importation de ce métal, durant cette période mémorable des campagnes de l'Empire, marquées par les deux célèbres victoires d'Austerlitz (1805) et de Wagram (1809).

Alluaud fit exécuter de nombreuses fouilles sur le gisement d'Etagnac et percer, en travers banc, la galerie Bernard, obstruée aujourd'hui, à son entrée par les éboulis.

Ses essais de scheïdage du minerai et d'extraction du régule au four à réverbère avaient lieu non loin de la mine, sur une parcelle qui porte encore le nom d'*Alluaud*.

Les importations ayant repris leur cours, dès les premières défaites de Bonaparte, les mines françaises d'antimoine furent de nouveau délaissées et le gisement d'Etagnac retomba dans l'oubli. D'ailleurs, la nouvelle Loi du 21 Avril 1810, conçue dans un esprit si libéral et si favorable aux mines, mais incomprise dans ses débuts et appliquée, ainsi qu'il arrive souvent, avec toutes les subtilités d'un zèle excessif, était devenue un obstacle au développement de cette industrie. Plusieurs concessions sollicitées par Alluaud lui furent refusées, alors que le Gouvernement, pris au dépourvu, à la suite du Blocus Continental, et préoccupé de la Défense Nationale, jugeait nécessaire d'entreprendre, lui-même, des recherches sur différents points du territoire (2) et notamment dans la Chaine de Blond, à 15 kil. au N.-E. de St-Junien. Ces recherches qui se seraient peut-être étendues jusqu'à St-Junien et à Etagnac, furent bientôt interrompues, elles-mêmes, par les évènements de 1814 et de 1815 qui enlevèrent à l'Etat les revenus des Mines Domaniales, créées par le Consulat et par l'Empire et celà au moment où les nouvelles lois des Finances venaient d'abroger implicitement les dispositions de l'article 39 de la Loi de 1810, en supprimant les fonds spéciaux dévolus aux recherches minières.

Dix ans après, Villain (1820-1823) reprenait les mêmes recherches et signalait sur le territoire d'Etagnac, au voisinage des gisements d'antimoine et d'argent, des traces d'étain et d'or (3). D'après son témoignage, l'antimoine de ce gisement " *égalait en qualité celui de Hongrie* " (4).

(1) *Statistique de la Hte-Vienne 1808.*

(2) Par application de l'art. 39 de la Loi des Mines.

(3) En Juillet 1821, d'après Coquand.

(4) Arch. de la Charente.

LE LIMOUSIN AURIFÉRE. — LES MINES D'ÉTAGNAC

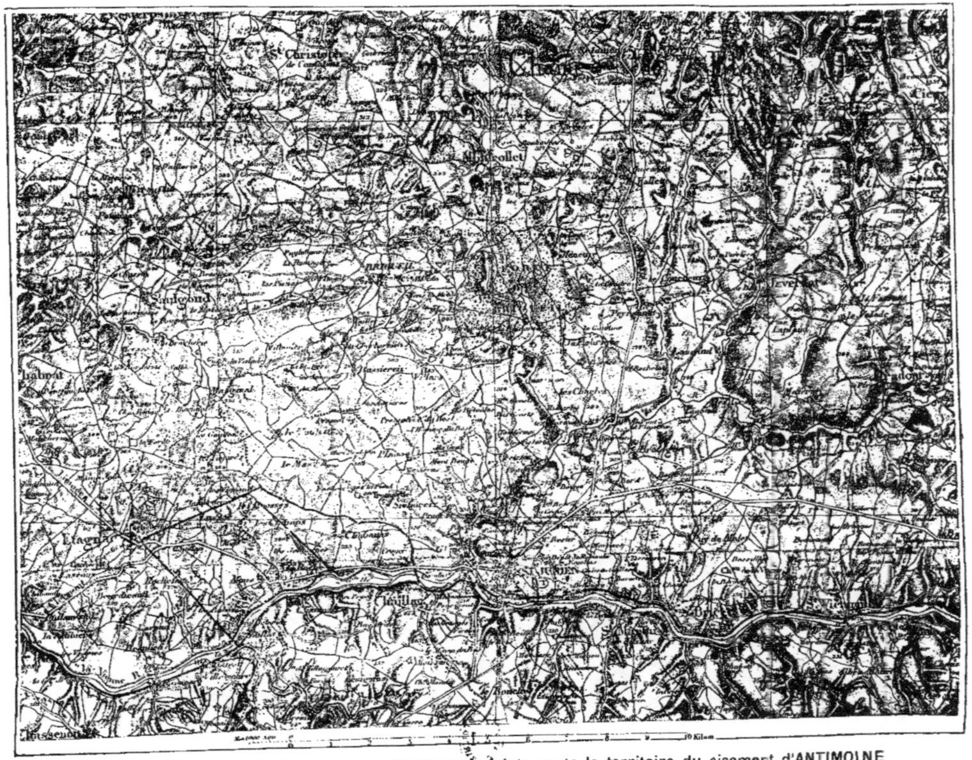

La teinte jaune indique les ruisseaux alluviens; la teinte rouge le territoire du gisement d'ANTIMOINE

Nous n'avons rien trouvé toutefois qui établisse si Villain sollicita du Gouvernement la concession de ces Mines et tout porte à croire qu'il se contenta de prospecter en Limousin, dans un intérêt purement scientifique.

Coquand assure que ce furent les découvertes antérieures de Villain dans les *Terres froides* du Confolentais, au N.-O. des Mines d'Etagnac, qui auraient incité Alluaud à tenter la réouverture de ces dernières.

Son indication des filons d'étain, qui traverseraient le territoire d'Etagnac, n'est pas sans intérêt et nous pensons même qu'il fut le premier, parmi les minéralogistes qui ont visité ce pays, à signaler la richesse en OR des alluvions du Daury, petit ruisseau dont les rives serpentent à travers le gisement.

En 1824, un sieur De Bonnaire, encouragé par les études théoriques de ses devanciers, entreprend résolument la mise en exploitation de la mine d'Etagnac. Il ouvre et aménage la galerie Bernard (V. le plan), tracée en direction du filon, sur une longueur de 166^{m}, et lui donne la pente nécessaire à l'écoulement des eaux. En même temps, il fait percer un puits sur le filon n° 3 (branche B A) et fait mettre en état les vieux puits ouverts par ses prédécesseurs sur les branches AC et AD.

Le puits Ste-Barbe, ouvert sur le filon n° 3, rencontre une région exceptionnellement riche.

Dès lors, M. de Bonnaire organise l'exploitation industrielle de la Mine. Il crée une Société ayant son siège social à Chabanais et, après entente avec le Comte Dupont d'Etagnac (1) au sujet de l'approvisionnement des bois nécessaires pour l'étançonnage de la mine et pour le traitement du régule, il fait construire un four à réverbère, dont nous avons retrouvé les traces ; il arme les puits d'extraction de treuils et de pompes et fait commencer le dépilage du minerai.

Il est aussitôt arrêté dans son entreprise par l'Administration qui le met en demeure de solliciter la concession ou de suspendre l'exploitation de la mine.

M. de Bonnaire se hâte de régulariser sa situation et, le 13 mai 1824, la Préfecture de la Haute-Vienne autorise la publication de la demande en concession.

Voici en quels termes elle était rédigée :

« Nous Préfet du département de la Haute-Vienne, Chevalier de l'Ordre Royal de la Légion-d'Honneur, faisons savoir ce qui suit :

Le sieur Félix Bonnaire et compagnie, résidant à Chabanais, département de la Charente, nous a adressé une demande, tendant à obtenir l'autorisation de continuer l'exploitation de la Mine d'Antimoine d'Etagnac, située dans le département ci-dessus,

(1) Ministre de la Guerre sous Louis XVIII (1765-1838)

précédemment exploitée par les sieurs Alluaud, père et fils, et la concession des terrains environnants, sur lesquelles les filons métalliques paraissent s'étendre ainsi qu'il suit :

1° Au sud, par une ligne droite, tirée du clocher d'Etagnac à la rive droite de la Vienne, en passant par l'angle sud de la maison du village de Rochefaud, appartenant à François Lemargot ;

2° Au nord-ouest, par une ligne droite tirée du même clocher, à l'angle nord de la maison du village de Vignaud, appartenant à M. Clavaud, se dirigeant ensuite jusqu'à la rencontre de l'arrête droite de la grande route d'Angoulême à Limoges, point auquel on plantera une borne qui se trouvera éloignée de 860 mètres de la face extérieure du parapet du ponteeau construit sur le ruisseau de Loumier, près le village de Roche ;

3° Au sud-est, par l'arrête droite de la grande route d'Angoulême à Limoges, à partir de la borne ci-dessus mentionnée, jusqu'au ponteeau du ruisseau de Roche, et par la rive droite de la Vienne, à partir de ce même ponteeau, jusqu'à l'extrémité de la première ligne désignée de limitation, au sud du terrain, dont on demande la concession, et où il sera aussi planté une borne.

Le sieur Bonnaire demande aussi à être autorisé à extraire le plomb que pourrait contenir le minerai.

Il propose pour indemnité, d'après l'art. 42 de la loi du 21 avril 1810, aux propriétaires de la surface des terrains compris dans la concession, dix francs par kilomètre carré.

Les bois nécessaires pour l'étançonnage et les fourneaux seront pris dans la commune d'Etagnac, particulièrement dans la forêt de Chambon et dans celle appartenant à M. le lieutenant-général comte Dupont ; le fagotage suffira d'ailleurs pour les fourneaux.

Le présent avis sera publié et affiché pendant quatre mois, en conformité de l'article 74 de la loi du 21 avril 1810, dans les chefs-lieux du département, de l'arrondissement de Rochechouart, et dans la commune de St-Junien.

Les publications et affiches auront lieu à la diligence de M. le Sous-Préfet de Rochechouart, et de MM. les Maires de Limoges et de St-Junien, devant la porte des maisons communes et des églises paroissiales, à l'issue de l'office, un jour de dimanche, au moins une fois par mois, pendant la durée des affiches ; la première publication aura lieu le dimanche 23 mai 1824.

Tout individu qui se croirait fondé à former une opposition à la demande ci-dessus relatée, est invité à faire connaître ses motifs, pendant le délai de quatre mois, qui suivra la première publication ; l'exposant pourra, s'il le désire, prendre connaissance de ces oppositions.

A l'expiration du délai fixé, MM. les Sous-Préfet et Maires, nous adresseront leurs certificats de publications et affiches au bas d'un exemplaire du présent, avec toutes les réclamations qui leur seraient parvenues ; M. le Sous-Préfet y joindra son avis motivé. »

« Fait à la Préfecture, à Limoges, le 13 mai 1824.

Pour M. le Préfet absent par congé :

Le Conseiller de Préfecture délégué,

GUÉRIN, aîné. »

Pendant que les formalités administratives suivent leur cours, M. de Bonnaire fait établir les plans de surface et n'effectue que des travaux de recherches et de traçage, parmi lesquels nous pouvons citer le creusement du puits que nous avons appelé " Delavie ", du nom du terroir, et qui rencontre le filon à une profondeur de 75 pieds.

Tous ces travaux mettent en évidence, aux yeux de l'administration, la richesse exceptionnelle de la mine.

Mais l'absence de débouchés de l'antimoine (1827), la difficulté des communications avant la création des chemins de fer, la rareté des combustibles ligneux, (les charbons anglais ne pénétraient pas encore) et, par dessus tout, les difficultés bureaucratiques soulevées par la Préfecture de Limoges, décidèrent le demandeur à abandonner ses projets et à délaisser brusquement le gisement. (Mars 1827).

« J'ai été d'autant plus surpris de cet abandon, écrivait l'Inspecteur des « Mines (mai 1827), et devais d'autant moins m'y attendre que M. de Bonnaire « connaît les lois et n'ignore pas qu'il n'est pas permis d'abandonner des « ouvrages souterrains considérables, sans avoir prévenu l'administration des « Mines pour que celle-ci ait à voir qu'elles sont les mesures de sécurité néces- « saires. »

Il ajoute : « Le filon avait une épaisseur de 4 pieds de minerai massif à « l'endroit où il a été abandonné et ce n'est certainement pas la rareté du « minerai, mais l'absence de débouchés qui a dégoûté M. de Bonnaire. » et l'Inpecteur des Mines formulait cette conclusion typique : « Il ne tiendra pas à « nous (administration des mines de l'Etat) que l'exploitation de cette mine, « qui paraît devoir être la plus productrice de ce pays, soit longtemps inter- « rompue. » (1)

On le voit, l'Administration avait déjà son opinion faite sur l'exploitabilité du gisement et la concession allait être accordée, sans aucun doute, lorsque M. de Bonnaire s'est désisté ou a disparu.

Quelques années après l'abandon, la Municipalité d'Etagnac fit boucher soigneusement les orifices des puits et l'entrée de la galerie afin d'éviter les accidents.

Depuis, le temps a fait son œuvre, les déblais et les stocks de minerai ont été répandus à la surface des champs et des chemins ; une végétation arborescente, à demi sauvage, masque l'entrée éboulée du travers-bancs et les dépressions formées à l'orifice des puits ; des châtaigniers, déjà séculaires, plantés en

(1) Extrait de la Corresp. de M. de Cressac avec M. Héron de Villefosse, 1827.

quinconce sur le terrain même de la mine, puisent leur âpre sève à travers les éboulis et les remblais et continueront à étendre un épais feuillage sur ce côteau paisible de Lussac, jusqu'au jour, prochain sans doute, où l'activité humaine viendra en bouleverser les entrailles et fera renaître dans ce pays infortuné, la prospérité industrielle et le bien-être des populations.

II. GEOGRAPHIE ET GEOGENIE DU GISEMENT

a. — Alluvions Aurifères

Les filons d'Etagnac viennent affleurer dans une région, située au N.-E. du département de la Charente, sur les confins de la H^te-Vienne, en un point où se montrent les terrains anciens, traversés par les éruptions porphyriques.

Ils étendent des ramifications dans le réseau métallifère qui sillonne les formations primitives du Confolentais et qui paraissent, elles-mêmes, minéraliser les couches secondaires venues à leur contact, suivant une ligne voisine de la limite commune aux deux départements.

Les montagnes de cette contrée diffèrent de leurs contemporaines de la Haute-Loire, de la Lozère et des autres pays granitiques par l'absence complète de flancs rudes, alpestres et déchirés; elles sont peu élevées (1) et n'offrent que des croupes arrondies, couvertes de végétation et doucement infléchies, dans leur ensemble, vers les terrains plus récents qui les recouvrent à l'Ouest.

Le granite y est presque partout friable et en perpétuelle décomposition, entraînant la ruine graduelle des veinules quartzeuses et métallifères qui le traversent dans tous les sens.

De nombreux ruisselets, torrentueux pendant les orages, descendent du flanc sud de la chaine de Blond, limite septentrionale de cette région aurifère et vont grossir le cours de la Glane, née à 400 mètres d'altitude sur les hauteurs de la Chaine, et qui, sur son parcours de 40 kilomètres, draine ces richesses alluviales

(1) Etagnac est à 270 m. seulement au-dessus du niveau de la mer.

pour les déposer, à son tour, dans la Vienne, non loin de son confluent, à 3 kilomètres en amont d'Etagnac, en un point où la vitesse du grand cours d'eau est brusquement ralentie par un évasement de la vallée (1). A cet endroit, l'île oblongue de Navière, vaste de plusieurs hectares, divise la Vienne en deux branches, jusqu'au-dessous du hameau de Mons, voisin des mines, facilitant l'arrêt et la lexiviation naturelle des apports aurifères.

En définitive, la zone alluvienne qui nous intéresse est, en grande partie, représentée par la vallée ou, pour mieux dire, par le petit bassin de la Glane. Dans cette zone, limitée au Nord par la chaine de Blond, au Sud et à l'Ouest par la Vienne, plusieurs filons quartzeux, dirigés du N.-E. au S.-O. dressent des crêtes dentelées au-dessus de leur enveloppe granitique. Ils se multiplient en stockwerk dans la granulite et descendent vers la Vienne, à travers les amphibolites et les gneiss. L'or y accompagne l'étain et le wolfram. D'après de Lapparent, il existerait combiné aux pyrites dans la profondeur (2), alors que, seule, la tête des filons devait être pourvue d'or natif, que la destruction des affleurements par les agents atmosphériques, aurait laissé à la surface du sol, en donnant lieu à l'immense « *placer* » exploité par les anciens (3).

Caillaux assure qu'en certains points : « le sable détritique qui renferme ces « minerais n'est généralement recouvert que d'une épaisseur de 0,25 à 0,95 de « graviers pauvres ou de terre végétale. Leur puissance variant avec la forme « de la vallée, atteint quelquefois 1 mètre. Ces alluvions ont été soumises au « lavage et l'on a constaté, dans les essais dont elles furent l'objet, qu'elles renfer- « maient jusqu'à 3 kil. de minerai d'étain par mètre cube et de 120 à 1000 gram- « mes d'or par tonne de minerai. » (4)

Ces essais de lavage, tentés à différentes époques, au Nord de la chaine de Blond et notamment à Vaulry, mal conçus et entrepris avec des capitaux insuffisants, n'ont pas donné de résultats pratiques.

On retrouve constamment la cause initiale de ces insuccès dans l'abus des lexiviations complexes, visant l'extraction simultanée de l'or, de l'étain, du

(1) Les rives de la Glane, à la fois agrestes et sauvages, dessinées par les sinuosités capricieuses de l'érosion granitique, à travers une vallée verdoyante et ombragée, présentent une suite ininterrompue de sites pittoresques, uniques dans leur genre, qui ont inspiré les immortels chefs-d'œuvre de Corot. Une génération reconnaissante a fixé les traits du célèbre paysagiste sur un rocher baigné par l'éternelle caresse de l'onde qui charma ses rêves de poète et d'artiste.

(2) *Géologie* p. 1741.

(3) Bien qu'on fasse remonter jusqu'aux Gallo-romains l'exploitation de ces " *placers* " aux endroits appelés " *Aurières* " par les minéralogistes et " *Camps de César* " par les archeologues, nous inclinons à penser que l'industrie des " orpailleurs ", dans cette région, a dû se signaler par une certaine activité au VIe siècle de notre ère, alors que le célèbre Eligius ou St-Eloi, né dans les environs, après avoir créé un établissement pour le traitement de l'or à l'abbaye de Solignac, fondait, avec l'aide puissante de Dagobert, cette fameuse école d'orfévrerie Limousine qui étendit son rayonnement dans tout l'Occident.

(4) Caillaux, loc. cit. p. 264.

wolfram, du titane et qui ont entraîné une déperdition d'or considérable, par une production surabondante de boues fines ou "slimes".

A notre avis, cette exploitation, reprise avec les méthodes modernes, pourrait donner d'excellents résultats, mais il faudrait se résoudre à lui consacrer de gros capitaux et prévoir l'emploi d'une force motrice considérable que les ruisselets de la chaîne de Blond ne sauraient fournir économiquement sur les hauteurs de Vaulry et de Cieux.

Il serait assurément plus avantageux de se rapprocher de la Vienne dont la puissance hydraulique, très importante aux environs d'Etagnac, est loin d'être absorbée par les papeteries. Un grand barrage pourrait être construit en amont de l'île de Navière, pour actionner une usine destinée à traiter : soit les alluvions drainées en aval de l'île, au Sud d'Etagnac ; soit, par un transport électrodynamique, les sables des "*aurières*" ou "*Camps de César*", dont les anciens ont interrompu l'exploitation et qu'on retrouve en grand nombre, au Nord d'Etagnac, dans un rayon de 10 kilomètres autour de la mine. Nous pouvons citer la "*sablière*" au N. O. du Château de Rochebrune, les "*Aurières*" au N. E. des Brosses et les "Camps de César" échelonnés entre Saulgond et Cinturat, auprès de nombreux puys, étangs et terroirs à désignations significatives, tels que Laverine ou *Lavaurine*, Labaurier ou *Lave-aurier*, etc., etc.

Mais, avec plusieurs minéralogistes, nous pensons que l'or existe surtout en Limousin dans les formations souterraines sulfurées analogues à celles du "Comstock lode" des Montagnes Rocheuses et qu'il convient de porter son attention de préférence sur les filons de la région d'Etagnac dans lesquels, associé à l'antimoine, à l'arsenic, au soufre et peut-être au tellure, le métal précieux sera rencontré en masses, sinon plus riches que celles de Vaulry et de Cieux, du moins plus régulières, plus puissantes et plus semblables enfin à celles de la Mayenne et de l'Armorique, mises en évidence, depuis peu, par les brillants résultats de leur exploitation.

b. — Filons sulfo-antimoniés

Au milieu des gneiss qui passent parfois à la syénite schistoïde, on peut observer au N. O. de la Haute-Vienne, sur les confins du Plateau Central, de nombreux filons de quartz amorphe et souvent rubané, atteignant quelquefois quinze mètres de puissance. Ces filons sont exploités, à l'Est de St-Junien, pour l'empierrement des routes, entre Orbagnac et Oradour, aux endroits de leur plus grand épanouissement. Mais le quartz, par endroit moucheté de pyrites aurifères à demi-décomposées, y est généralement pauvre. L'argent rouge, sulfoantimoniure d'argent et d'or, en tapisse rarement les placages des failles et, à vrai dire, l'aspect de ces filons, si puissamment larges, aux affleurements des carrières, laisse l'impression qu'il serait indispensable d'atteindre de grandes profondeurs pour rencontrer la zone payante.

Il n'en est plus de même à l'Ouest de St-Junien, où les affleurements, moins imposants et surtout moins faciles à discerner à travers les cultures, présentent, du moins, des indices de minéralisation très fréquents et un tel enrichissement en sulfures de fer, d'antimoine et d'arsenic, que les premiers travaux de surface pourront déjà donner des résultats rémunérateurs aux exploitants, ne serait-ce que par l'extraction de la stibine, en attendant l'approfondissement des puits de recherche et l'organisation des chantiers inférieurs.

Au point de vue stratigraphique, le gisement d'Etagnac occupe, sur les bords de la Vienne, les deux flancs d'une vallée synclinale dont l'axe serait orienté N.O.-S.E. et qui serait formée, dans une dépression granitique, par une nappe infléchie de gneiss, de schistes cristallins. sous un manteau superficiel de tufs, d'arènes feldspathiques, à paillettes argentines micacées et de terres végétales.

Le flanc Ouest de cette vallée hypothétique coïnciderait avec les hauteurs boisées de la rude *Côte de Mons*, désagréablement connue des touristes, et le flanc Est, moins net, mais aussi rude, aux élévations étagées qui protègent les premiers faubourgs de Glane et à la vaste colline au haut de laquelle s'élève, en amphithéâtre, la ville ensoleillée de St-Junien.

Du point culminant de la ville, (à environ 260 mètres d'altitude), on peut distinguer vers l'Est, sur l'autre flanc, les bois de Lussac qui ombragent la surface du gisement, (à la cote 220 mètres) et apprécier ainsi l'importance de la dépression.

Après cet étroit et brusque replis, sous les gneiss et les schistes paléozoïques, le contrefort extrême du Plateau Central, dépendant du massif primitif de Blond, qui s'était abaissé insensiblement vers St-Junien, par des pentes douces, laisse ainsi réapparaître, à Etagnac, une dernière émergence granitique, massif de butée, vers l'Ouest, de la petite vallée synclinale et figurant, sur l'assiette de la commune, un promontoire circulaire, avant de plonger brusquement, auprès de quelques récifs de diabase et de porphyre, entre Etagnac et Chabanais, d'abord sous une nouvelle nappe de schistes archéens et de gneiss, pour s'enfoncer définitivement ensuite, au delà du Méridien de Confolens, sous les formations secondaires de l'Angoumois.

On extrait, à l'Ouest d'Etagnac, de trois affleurements de porphyre quartzifère à feldspath rouge, des pavés siliceux très recherchés à cause de leur extrême dureté et de la compacité de leur grain. Cette industrie est actuellement l'un des éléments principaux de la prospérité industrielle de Chabanais. [1]

Au N. E. d'Etagnac, les bancs de porphyre, moins puissants, sont inexploités; mais on tire d'excellentes pierres de construction de plusieurs filons de diorite, de diabase et de serpentine. La carrière de serpentine du Châtelard, près de St-Junien, fournit des matériaux très recherchés et de grand prix pour les constructions de luxe.

Nous avons remarqué, aux fronts de taille de ces carrières de serpentine, des traces très appréciables de "*chromite*", minerai de fer chromaté, en filonnets d'éclat sous-métallique et d'une couleur variant du noir de fer au noir brun.

Toutes ces particularités attestent la puissance de l'activité filonienne dans la région. Entre Etagnac et St-Junien, la minéralisation paraît affecter les roches granitiques en même temps que les gneiss et les chistes cristallins qui les recouvrent, sans qu'il soit possible, au moins pour l'instant, d'établir nettement un système de démarcation entre les différentes venues de ce réseau complexe. Tout ce que nous pouvons dire, en nous appuyant sur nos premières observations superficielles, c'est que les filons du flanc Ouest du synclinal, (vers St Junien) présentent des traces de plomb sulfuré et d'oxyde de fer qui n'ont pas été signalées sur le flanc Est à l'endroit des vieux travaux. [2] Sur les mêmes points, les filons paraissent plus resserrés qu'à Lussac où la puissance du gîte incite à placer le siège de l'exploitation future.

Age des Filons. — Cette complexité d'allure témoigne peut-être d'une complexité d'origine. Des travaux de recherches plus développés, apporteront sans doute les précisions nécessaires.

A première vue, les filons de la région N. O. de St Junien constitueraient des gîtes d'émanation directe. Leur voisinage de la Chaine de Blond, la similitude des caractères géologiques des encaissements, la fréquence commune à Vaulry et à Cieux, des roches de granite à mica blanc et particulièrement de l'hyalomicte grise ou "*greisen*," conduiraient à penser que les divers épanchements métallifères de cette région sont contemporains et appartiendraient à la *période Calédonienne*, antérieure au *vieux grès rouge* et généralement caractérisée par de riches venues d'or et d'étain à la surface du globe.

Cependant, si l'on envisage la situation des filons qui imprègnent les couches métamorphorisées et les terrains schistoïdes plus récents qui se montrent au voisinage de St-Junien et à l'Ouest d'Etagnac, on ne peut éviter de reconnaître, qu'en ce point de jonction de deux formations probablement distinctes, il est

(1) Berceau de la famille Carnot.

(2) De Bonnaire avait tenu compte de cette particularité en demandant également la concession du plomb. V. affiche page 9.

PLAN DES TRAVAUX D'ÉTAGNAC
COUPE DU FILON D'ÉTAGNAC
Zone des Brosses
Ancien four
CROQUIS GÉOLOGIQUE (échelle de 0,01 par 5 kilomètres)
Monts de Blond
Etagnac
Saulgond
Chassenon
Chéronnac
Vienne
LÉGENDE
granite γ
Schistes archéens cristallins.
Diabase, serpentine. porphyre
Jurassique.
Eocène.
Quaternaire.

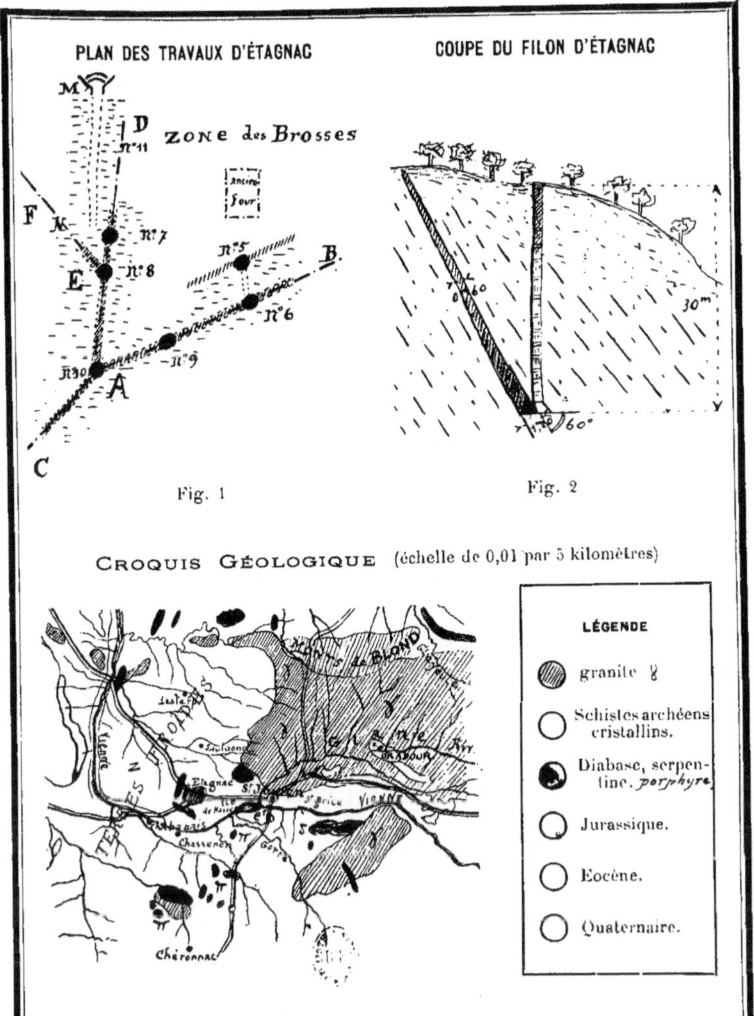

Fig. 1

Fig. 2

permis d'admettre l'existence d'un second réseau de filons antimonieux pouvant être rattachés à la *période hercyenne* ou *armoricaine*, qui s'est étendue du carboniférien au trias et à laquelle appartiennent incontestablement les riches gisements de la Haute-Loire et du Cantal.

Il ne serait pas excessif de supposer toutefois qu'il existe une venue intermédiaire qui aurait affecté les confins du Plateau Central, au moins dans cette région, qui a dû être, pendant les premiers temps géologiques, le siège de dislocations trop fréquentes pour qu'on puisse établir un critérium chronologique très précis.

CARACTÈRE DES FILONS

A. — MINÉRAUX ET MINERAIS. — *a.* — **Minerais d'Antimoine.** — Le minerai le plus abondant à Etagnac est la *stibine* à grains fins, d'une densité de 4, 5. Son éclat est très vif sur les cassures fraîches ; il devient gris mat après une courte exposition à l'air. Quelquefois, on rencontre le sulfure en cristaux striés en long, plus rarement en masses bacillaires.

Aux environs de St-Junien, à deux kilomètres à l'E. d'Etagnac, les filons d'antimoine sont accompagnés de traces de galène argentifère, mêlée à une gangue ferrugineuse arsénicale.

Le minerai de Lussac est généralement concentré et peut être très facilement séparé, à la main, de la gangue pauvre en antimoine.

Dans le quartz fissuré, se rencontrent de nombreux placages métalliques riches en métaux précieux.

A la surface, le minerai a subi l'action des agents atmosphériques et s'est transformé en produits oxydés. L'aspect pierreux de ces produits a pu dérouter la perspicacité des minéralogistes qui ont traversé la région depuis un demi siècle et n'ont pas soupçonné l'existence d'un gisement exceptionnellement riche.

On rencontre notamment, dans le ballast des chemins et des routes, dans les murs de clôture, etc., etc., de la *Sénarmontite* octaédrique $Sb^2 O^3$, en croûtes blanches ; des agrégats lamellaires ou granulaires d'*Exitèle* ou acide antimonieux ; enfin des masses jaunes, nuance Isabelle, quelquefois tachetées de rouge, de *Cervantite* $Sb^2 O^4$.

L'éminent minéralogiste Lacroix, directeur du Muséum, fait observer (1) que

(1) Tome II, p. 454.

la stibine de Lussac, à l'E. d'Etagnac est accompagnée d'enduits de *Valentinite* et de *Kermésite* $Sb^2 S^2 O$ rouge chair.

b. — **Minerais connexes.** — Parmi les *minerais connexes*, nous avons remarqué :

1° De la *galène* ou *plomb sulfuré*, sur le flanc du Synclinal qui avoisine St-Junien. Elle s'y rencontre à l'état lamellaire dans un quartz grisâtre, très pyriteux (1). L'analyse d'un échantillon a décelé des traces de *molybdène*, combiné au plomb ;

2° De la *pyrite de fer* : $Fe S^2$, en petits cristaux épars au milieu du minerai et de la gangue quartzeuse. Cette *pyrite*, notablement *aurifère*, présente des traces d'*antimoine*, d'*arsenic* et de *thallium*. Elle est souvent décomposée en *limonite* et en *gœthite*. On rencontre surtout ces produits d'altération, dans la région de la galerie de Navière sur le flanc Est du Synclinal, mélangés dans une gangue argileuse, avec les dérivés d'oxydation des sulfures d'arsenic et d'antimoine.

Enfin, nous avons rencontré la pyrite, en lamelles compactes d'un blanc grisâtre métallique, associée au *mispickel* $Fe S^2$, $Fe As^2$ en masses cristallines grenues et à la *Lœllingite*, $Fe As^2$. Ces divers sulfures jouent un rôle considérable dans l'enrichissement des filons en métaux précieux et s'il est bon de rappeler que plusieurs savants, dont le jugement fait autorité : Mallard, De Lapparent (2), etc., etc., font dériver l'or alluvionnaire des montagnes de Blond, de la décomposition des filons sulfurés hypothétiques que renfermeraient les profondeurs de la Chaine, il n'est pas sans opportunité d'insister sur ce fait, qu'à l'intérieur du gisement d'Etagnac, l'existence des pyrites n'est pas seulement une probabilité rationnelle, mais une certitude contrôlée par nos prospections et attestée d'ailleurs par le témoignage du grand Recueil de Minéralogie de Lacroix, d'où nous extrayons : (p. 587) « **La pyrite est assez abondante dans le filon de stibine de Lussac près d'Etagnac.** »

c. — **Minéraux accessoires.** — Il serait très long et peut-être sans utilité pratique, de passer en revue tous les minéraux accessoires des gisements alluviens ou filoniens de la région : les nombreuses espèces et variétés qu'on y rencontre sont communes aux divers grands massifs granitiques français.

(1) Nous avons retrouvé de nombreuses traces de galène, non loin du Méridien d'Etagnac, sur la rive gauche de la Vienne, en explorant le pays, jusqu'à Chéronnac où fut découvert et mis à jour par P. Hyvert, en 1864, un intéressant gisement de Plomb sulfure argentifère, appartenant peut-être à la même formation.

(2) Géol. p. 1744.

Depuis les sommets de Blond jusqu'à la Vienne, on remarque parmi les roches primitives, les divers types intermédiaires entre le *granite à mica blanc* et l'*elvan* et différentes roches à éléments orientés, depuis le *granite gneissique* jusqu'aux *micaschistes*, ainsi que leurs différents termes d'altération et les *arènes feldspathiques* qui en dérivent.

Dans le granite à *mica blanc*, *sans feldspath*, autrement dit *Greisen* ou *Hyalomicte*, dont les éléments détritiques se retrouvent dans les alluvions, on rencontre fréquemment, associée à la Cassitérite et à l'Or natif, la *Tourmaline*, en aiguilles noires. La même substance, en baguettes d'un jaune vert sale est incluse dans les gneiss des environs d'Etagnac. Le grenat *almandin* et la *lépidolite* accompagnent les sables granulitiques.

Il n'est pas rare de rencontrer de larges lames de *muscovite* enchevêtrées dans les *pegmatites* ; enfin le *mica biotite* est plus abondant dans le *granite à pavé*, exploité sur différents points. Nous avons déjà signalé les filons de *porphyre* et de *serpentine* qui traversent la Vienne. Dans ces derniers, en outre des mouches de *chromite*, déjà signalées dans la carrière de Glane, nous avons rencontré, en 1902, et la Presse Régionale a fait mention de cette découverte, des fibres soyeuses et flexibles de *chrysolite*, laquelle serait, à notre avis, une transformation allotropique de l'*antigorite*, élément principal de la *serpentine*.

Quelques personnes, sur nos conseils, et notamment le docteur Braud, à St-Laurent, se sont préoccupées d'organiser l'extraction industrielle de ce minéral qui peut remplacer avantageusement l'*amiante* dans la fabrication des papiers incombustibles.

Enfin, sur différents point de cette bordure occidentale du Plateau Central, les *micas* sont localement accompagnés de *graphite*, généralement granulaire, dont les traces, non loin des méridiens de Lesterp, de Brigueil et de Chassenon et principalement dans ces deux localités, ont été prises pour des affleurements de charbon anthraciteux dont on aurait même projeté l'exploitation.

L'analyse d'un spécimen de ce graphite a révélé, dans les cendres, des traces d'or et de vanadium, marquant ainsi quelque analogie entre ce combustible fossile et certains graphites de la région aurifère de Lima (Pérou).

B. — GANGUE DES FILONS D'ETAGNAC. — La gangue est un *quartz laiteux*, quelquefois brunâtre, cette teinte résultant de la sublimation de la *stibine* dans le dissolvant. Quelquefois, ce quartz est légèrement *améthysté*. Enfin, de nombreuses géodes y sont tapissées de *calcédoine*.

Les produits d'altération de la stibine en colorent souvent les parois, recouvertes de minces enduits lamellaires, parmi lesquels nous avons observé des traces, très rares mais non douteuses, de *tellures*, en dendrites cunéïformes. Nous avions déjà fait la même remarque sur certaines roches quartzeuses et feldspathiques, aux environs de Rochechouard, de St-Laurent-sur-Gorre et de St-Yrieix.

C. — PENDAGE ET DIRECTION DES FILONS. — Un simple examen du faciés géologique, aux environs d'Etagnac, permet de comprendre que les filons de cette formation inclinent généralement à l'Est, au moins sous le méridien de Lussac.

La direction de leur pendage varie exactement entre 95° et 130° au S. E. avec une inclinaison de 40° à 60° avec l'horizontale.

Nous avons noté plusieurs directions ; N. 8° E. ; N. 25° O. ; N. 60° E. ; N. 40° E. La direction moyenne de la formation gneissique ou, mieux encore, celle des filons de porphyre qui la traversent, est N. 35° E. Elle paraît être celle des cassures les plus importantes et par suite des filons de la zone la plus riche. (1).

Nous avons figuré en rouge cette zone sur le croquis schématique.

Nous l'appellerons " zone des Brosses ", parce qu'elle paraît s'étendre plus particulièrement sous le territoire dépendant de l'ancien Manoir du même nom.

C. — ALLURE ET PUISSANCE DES FILONS. — Il est de toute évidence que la richesse des filons est concentrée dans cette zone. L'orientation des anciens travaux l'atteste autant que les caractères superficiels du gisement.

Les premiers exploitants ont attaqué, tout d'abord, la branche F E. Ils y ont été conduits parce qu'elle affleure à travers le tuf.

Les autres branches A D, A B, A C. n'ont pas de points d'émergence, ou, plus exactement, ces points sont à peine discernables sous un épais recouvrement de tuf et de terres labourées. Il eut fallu des circonstances accidentelles pour les mettre à nu et il est plus raisonnable de penser qu'ils ont été découverts à la suite d'un cheminement souterrain, dans le filon F E.

L'existence du faisceau D A, A B, A C, une fois reconnue, l'exploitation a été préparée par le percement de plusieurs puits et de galeries en direction.

Ces travaux ont démontré que l'allure des filons, indécise dans la partie supérieure, devenait plus réglée en profondeur, en même temps qu'augmentaient leur épaisseur et leur richesse.

(1) Il existe cependant tout un système de cassures moins nettes et dont la direction N. 55° O, serait parallèle aux failles qui limitent l'archéen entre Angoulême et Brive.

« Tout promet dorénavant (4 Août 1825), le succès des travaux d'Etagnac et « la meilleure direction des ouvrages et la plus grande richesse du filon qui « paraît d'autant plus réglée qu'il s'enfonce d'avantage. (1) »

L'épaisseur des filons est très variable : elle atteint jusqu'à 1 m. 20 à l'étage inférieur, au point où les travaux ont été interrompus en 1827.

D'après les *Comptes-Rendus Officiels* des Ingénieurs des Mines de l'Etat, publiés par le Ministère des Travaux Publics, en 1849 : *« Il y a à Etagnac « deux filons principaux ayant chacun une épaisseur moyenne de 0 m. 60 « encaissés dans les gneiss. »*

Ce témoignage officiel de l'exploitabilité du gisement d'Etagnac, atteste, en outre, sa grande richesse, car l'épaisseur moyenne des filons d'antimoine communément exploités dans la Haute-Loire et dans le Cantal, ne dépasse guère 0 m 30.

La puissance remarquable du filon aux fronts de taille, au niveau où l'exploitation peut être reprise, avait déjà frappé l'attention de l'Ingénieur de l'Etat, M. de Cressac, qui écrivait à M. Héron de Villefosse, le 7 Mai 1827 : « Il paraît que les boisages des galeries et des puits inondés ont été conservés « parfaitement intacts et qu'au point où la galerie du fond a été laissée, le filon « avait une puissance de quatre pieds de minerai massif (2) ».

CONCLUSION :

Il résulte de ces divers renseignements officiels et des documents qui les accompagnent que le gisement d'Etagnac est d'une grande richesse et peut donner lieu à une exploitation rémunératrice.

Placé au centre d'une région où la main-d'œuvre est très abondante, accessible en toute saison, traversé par une route nationale et par le chemin de fer des Charentes ; desservi par deux gares très voisines, celles de Saillat et de St-Junien, ce gisement est digne d'attirer l'attention, à une époque où la métallurgie de l'antimoine est très prospère, alors que l'industrie extractive de ses minerais emprunte, elle-même, un intérêt nouveau aux découvertes récentes sur la richesse en or de certaines formations arsenicales et antimonieuses.

Dès que l'exploitant aura dégagé et remis en état les vieux travaux, il devra exercer simultanément son activité et sur l'extraction de la stibine qui lui procurera des bénéfices immédiats et sur l'exécution d'un sondage qui permettra

(1) Corresp. des Ingénieurs de l'Etat. Archives Départementales.

(2) Série S. N° 1 Archives Départementales.

de préciser la loi d'enrichissement des gangues quartzeuses.

Il est bon de rappeler qu'à la Lucette (Mayenne), dans un gisement analogue, les minerais extraits jusqu'à 30 mètres de profondeur ne présentaient pas de traces d'or, alors qu'entre 50 et 100 mètres, la proportion de quartz aurifère qui était déjà de 20 % à 50 m., s'est élevée à 35 % [1].

Il sera bon cependant, de ne pas perdre de vue que l'opinion favorable émise par le Corps des Mines, en 1827, autorise à penser que la concession, simplement basée sur l'antimoine et les métaux connexes, sera facilement obtenue sans qu'il soit nécessaire d'entreprendre de grands travaux préparatoires.

Ouvrir les anciens puits n° 8 et n° 9 ou du moins l'un d'eux, dégager, boiser et rendre accessible la galerie de 166 m. ; mettre à vif les fronts de taille aux points où le service des mines, lui-même, a noté des épaisseurs de filon massif, variant entre 0m 60 et 1m 20, tel serait le programme à suivre, réduit à sa plus simple expression.

Pendant qu'auraient lieu les formalités relatives à la demande en concession, on pourrait étudier, d'une manière plus précise, la distribution des métaux précieux dans le gisement et, grâce au permis de vente des minerais que l'Administration accorde toujours, en pareil cas, pour une durée de une ou deux années, le demandeur pourrait déjà réaliser des bénéfices, soit par la vente directe des minerais, soit par leur transformation industrielle.

(1) Au sujet des mines de la Lucette, voir l'*Echo des Mines et de la Métallurgie*, 1905, p. 769.

INDUSTRIE DE L'ANTIMOINE

a. — L'ANTIMOINE ET SES MINERAIS

PROPRIÉTÉS PHYSIQUES. — L'antimoine est un métal blanc d'argent, très cassant, se laissant facilement pulvériser. Il fond vers 450° et se volatilise au rouge blanc ; sa vapeur exhale une odeur de graisse.

En se refroidissant lentement, il cristallise en rhomboèdres. Si le refroidissement a lieu à l'abri de l'air, les cristaux de sa surface ont l'aspect de feuilles de fougères. Il conduit mal l'électricité et la chaleur. Densité = 6,715, chaleur spécifique = 0,05077.

PROPRIÉTÉS CHIMIQUES. — A la température ordinaire, l'antimoine est inoxydable à l'air ; il s'oxyde au rouge, en répandant des vapeurs blanches, qui se condensent en une poudre connue sous le nom de *Fleur Argentine d'Antimoine*.

L'antimoine ne décompose l'eau qu'au rouge ; il se dissout lentement dans les acides sulfuriques et chlorhydriques concentrés et chauds.

L'acide azotique, en l'oxydant, le transforme en acide antimonique. Traité par l'eau régale, renfermant un excès d'acide chlorhydrique, il donne du chlorure d'antimoine.

Les sels oxydants forment avec lui des mélanges explosifs à une haute température.

Les métalloïdes, à l'exception du carbone, du bore, du silicium, se combinent avec l'antimoine ; doué d'une grande affinité pour le chlore, il s'enflamme spontanément dans ce gaz lorsqu'on l'y projette en poudre ; la réaction produit du protochlorure et du perchlorure d'antimoine.

Les composés d'antimoine sont faciles à reconnaître : chauffés sur le charbon avec de la soude, ils donnent un culot métallique très cassant ; en même temps, il se produit des fumées blanches qui se déposent sur le charbon. Le culot se recouvre d'aiguilles blanches d'oxyde antimonique.

USAGES

L'antimoine, à la fois dur et fragile, entre dans la formule de nombreux alliages auxquels il communique une certaine dureté et une grande résistance au choc. Cette propriété l'a rendu très précieux pour la fabrication des cartouches de guerre et des caractères d'imprimerie.

Depuis peu la Métallurgie offre à l'antimoine un débouché nouveau, très important, dans la fabrication du coussinet « antifriction », appliqué aux wagons de chemin de fer et aux automobiles.

L'industrie de ses dérivés vient également de prendre une nouvelle extension depuis que la campagne de Presse et les prescriptions administratives contre la Céruse ont orienté les recherches des inventeurs vers des couleurs succédanées beaucoup moins nocives que les compositions à base de plomb. ([1]).

Nous avons déjà donné beaucoup de détails sur les peintures au « blanc d'antimoine » dans notre ouvrage sur la Crise du Plomb, (paru en août 1901).

Depuis, un grand mouvement s'est dessiné en faveur de ces composés et plusieurs Assemblées délibératives ont même invité les Pouvoirs Publics, à prendre en considération les couleurs d'antimoine. Dans cet ordre d'idées, nous devons citer le vœu suivant, émis par la Chambre de Commerce de Montluçon, sur la proposition de M. Théodore Lassalle, le 13 octobre 1901 :

Considérant :

A. — Que le sol français est très riche en gisements d'antimoine ;

B. — Que l'exploitation des mines d'antimoine pourrait améliorer l'activité industrielle et commerciale des départements du centre de la France ;

C. — Que la principale cause de la crise de l'antimoine, a été, jusqu'ici, l'insuffisance des débouchés de ce métal et de ses dérivés ;

D. — Que le blanc d'antimoine, cependant, pourrait constituer un débouché très important, s'il était admis à recevoir l'approbation officielle au même titre que le blanc de zinc.

E. — Qu'il mérite cette approbation au même titre que le blanc de zinc, sur lequel il ne le cède en rien tant au point de vue de l'hygiène que sous le rapport des qualités techniques ;

(1) V. *La Crise du Plomb*, de G. Hyvert, in-4°, 1901.

F. — Que la décision ministérielle du 1er juin dernier (1901) ne se limite pas à l'interdiction du blanc de céruse, mais *rend désormais obligatoire dans les travaux publics la substitution du blanc de zinc au blanc de céruse* ;

G. — Que cette décision, relative au seul blanc de zinc, pèse moralement sur l'industrie et sur le commerce de tous les autres succédanés de la céruse, dont elle proclame implicitement l'infériorité ;

H. — Que cette situation est notoirement contraire au développement de l'industrie extractive et du commerce de l'antimoine ;

Emet le vœu :

« *Que M. le Ministre des Travaux Publics modifie sa décision du 1er Juin*
« *dernier, déclare libre désormais dans les travaux publics, l'emploi de tous*
« *les succédanés de la céruse qui présenteront les qualités requises par les*
« *hygiénistes et par les peintres.* »

Bien que le cadre restreint de cette notice nous interdise de trop longs développements, nous passerons succinctement en revue les différentes couleurs industrielles à base d'antimoine.

COULEURS D'ANTIMOINE

A. — Blanc d'Antimoine. — En 1850, J. Brachet, professeur de pathologie générale à l'Ecole de Médecine de Paris, s'exprimait ainsi dans son étude remarquable sur le Saturnisme :

« Ne pourrait-on pas, dans les peintures en bâtiment, remplacer la céruse
« par quelqu'autre composé métallique moins toxique ? Ne pourrait-on pas
« employer l'*oxyde blanc d'antimoine*, ainsi que Ruolz l'a proposé ?

« Rousseau a indiqué un procédé pour le retirer du sulfure d'antimoine
« naturel ; moins cher que le blanc de céruse, son exploitation remettrait en
« prospérité l'industrie languissante des mines d'antimoine qui abondent en
« France. J'ai vu quelques essais effectués à l'aide de ce minéral. Il donne un
« blanc au moins aussi pur que celui du plomb et probablement aussi inaltéra-
« ble.

« Pour l'emporter sur le plomb, il ne lui manque que l'abondance. Si donc
« on pouvait ouvrir quelques mines de ce produit naturel, on aurait *rendu*
« *un service immense, non pas seulement à l'industrie et aux arts, mais surtout*
« *à l'humanité*.

« *Espérons que le gouvernement fera exploiter cette branche d'industrie.....*
« Le grand problème de la prophylaxie des affections saturnines se trouvera
« ainsi résolu. »

Voici la méthode préconisée par Ruolz, Bobierre et Rousseau pour obtenir la *céruse d'antimoine*, à base d'oxyde :

« A la surface du sulfure d'antimoine chauffé par un appareil qui peut être » modifié d'un nombre infini de manières, et qui, par exemple, peut » être ici un four en briques ou un cylindre en fonte, on fait passer simultané- » ment un courant d'air et de vapeur d'eau en proportion qui varie avec chaque » espèce de sulfure ; de cette manière, tout le soufre passe à l'état d'acide » sulfureux, qui ainsi se dégage, et que l'on peut utiliser, et l'antimoine est » converti en oxyde blanc que l'on recueille dans des récipients placés à la suite » de l'appareil de chauffage. »

« On peut aussi préparer cet oxyde tout simplement dans un four de grillage ; » mais alors il ne possède pas le degré de ténuité que lui donne la présence de » la vapeur d'eau ; l'oxyde de zinc et les autres oxydes blancs et certains sels » préparés de la même manière acquièrent des qualités qu'on ne leur avait » pas reconnues jusqu'ici. »

« Le produit, ainsi préparé, peut être immédiatement, et avec la plus grande » facilité, broyé à l'huile ; on est ainsi dispensé de toutes les opérations » préalables de séchage, pulvérisation, tamisage, etc. »

« Vu l'abondance du sulfure d'antimoine natif, on peut obtenir ce produit à un » prix fort inférieur au cours moyen de la céruse de plomb, économie d'autant » plus grande que, à poids égal, ce produit couvre une surface plus que double » de celle couverte par la céruse de première qualité. »

MM. Vallé et Barreswil préconisent, d'autre part, l'emploi de la poudre d'*Algaroth* dont les propriétés sont très rapprochées de celles de la céruse.

Pour obtenir cet oxychlorure d'antimoine, ils attaquent le sulfure d'antimoine par l'acide hydrochlorique et conduisent l'hydrogène sulfuré préalablement brûlé (acide sulfureux), dans des chambres de plomb, pour le faire servir à la fabrication de l'acide sulfurique.

Le chlorure obtenu est clarifié soit par filtration, soit par décantation, après addition d'eau. L'acide hydrochlorique provenant de cette décomposition, et contenant de petites quantités d'antimoine, est employé à condenser, de nouveau, le gaz hydrochlorique, et l'excédent, à dégélatiniser les os.

On peut préparer encore le nouveau blanc d'antimoine, en traitant par l'acide chlorhydrique, soit le produit brut du grillage du minerai à une faible température, soit le produit de l'action de l'acide sulfurique sur le sulfure d'antimoine.

Dans ces préparations, il est indifférent que le minerai soit ou non exempt de fer.

Nous avons obtenu ce corps en traitant le minerai d'antimoine (*stibine*), calciné avec du sel marin, par l'acide sulfurique bouillant, puis en étendant d'eau jusqu'à précipitation finale.

Le produit de la distillation, après évaporation préalable, était connu autrefois sous le nom de *beurre d'antimoine*, à cause de sa consistance butyreuse ; à l'état anhydre $Sb\,Cl^3$, il cristallise en tétraèdres incolores, fusibles à 72°, volatiles à 230°. [1]

Le protochlorure d'antimoine est déliquescent, soluble dans une petite quantité d'eau. Cette dissolution étendue laisse précipiter à son tour la *poudre d'Algaroth* $Sb\,O\,Cl$, qu'un excès d'eau transforme, elle-même, en $Sb^2\,O^4$ et quelquefois en $Sb^2\,O^3$, $Sb^2\,Cl^3$, avec plus ou moins d'hydratation.

On se sert du chlorure d'antimoine pour bronzer les armes de chasse et de guerre. Il se forme à la surface du canon une couche brune d'antimoine métallique qui préserve le fer d'une oxydation ultérieure.

MM. Stenhouse et Hallet ont proposé comme succédané du blanc de plomb, une céruse d'antimoine obtenue à l'aide de l'oxyde d'antimoine naturel ou d'un minéral contenant du sulfure de ce métal associé à son oxyde.

Ils broient en poudre fine, débarrassent de la gangue par un triage mécanique et des débourbages ; font sécher le minerai lourd ; calcinent dans un four à réverbère largement alimenté d'air, ce qui chasse le soufre et laisse un résidu consistant, pour la plus grande partie, en acide antimonieux. C'est ce produit calciné et amené à l'état de poudre très fine, qui est mélangé à l'huile ou au vernis.

Lorsque le produit est souillé par de petites quantités de plomb, de cuivre ou de fer, qui en altèrent la blancheur, on l'emploie dans les peintures grizaillées.

Depuis une trentaine d'années on prépare surtout le blanc d'antimoine, en France, en Angleterre et en Allemagne, à l'aide de procédés qui dérivent principalement de la méthode de MM. Bobierre, Rousseau et Ruolz dans laquelle on a bénéficié des perfectionnements apportés aux divers systèmes de fours à manche et de chambres de fumées.

(1) Lorsqu'on soumet le protochlorure à l'action d'un courant électrique très faible, obtenu, par exemple, en employant comme électrode positive un fragment d'antimoine, et, comme électrode négative, une lame de cuivre, il se dépose sur cette dernière une substance métallique douée de propriétés explosives remarquables.

Cette substance, frottée légèrement, même à l'état humide, detone avec dégagement de chaleur et production de fumées blanches.

On a songé à l'employer dans la fabrication des allumettes sans phosphore.

On obtient ainsi un produit qui serait, en apparence, plus soluble dans l'eau, mais qui, à notre avis, doit ce caractère à la présence de certaines impuretés telles que des sulfates et sulfites formés pendant la décomposition de la vapeur d'eau par les sulfures.

On peut appliquer cette méthode en utilisant un système quelconque de four à manche soufflé par la vapeur.

Le blanc par d'antimoine n'est pas seulement bien moins toxique que la céruse, il résiste beaucoup mieux à l'influence des vapeurs sulfhydriques et à l'action du gaz d'éclairage.

Il possède, en outre, beaucoup plus de corps que le blanc de zinc, couvre mieux et coûte moins cher.

Voici comment on peut établir les prix comparés des trois couleurs usuelles, d'après nos expériences et en suivant la même méthode indiquée par Vincent, dans le *Précis de Chimie Industrielle* de Payen (¹).

Nous prenons les cours dans la *Revue des Produits chimiques* :

Céruse, 100 kil. à 60 fr.		61 fr.
Huile,	30 kil. à 140 fr.	42 fr.
	130 kilos coûtent	103 fr.
	100 » »	79 fr. 20
Blanc de zinc, 100 kil. à 82 fr. 50		82 fr. 50
Huile	60 kil. à 140 fr.	84 fr.
	160 kil. coûtent	166 fr. 50
	100 kil. »	101 fr. 05
Blanc d'antimoine, 100 kil. à 85 fr.		85 fr.
Huile,	50 kil. à 140 fr.	70 fr.
	150 kil. coûtent	155 fr. 50
	100 kil. »	103 fr. 66

L'expérience prouve que si pour recouvrir d'une première couche de peinture une surface déterminée, il faut :

100 kil. de peinture au blanc de *zinc* ;
Il faudra : 120 kil. » » d'*antimoine* ;
130 kil. » » de *plomb*.

(¹) Extrait de notre ouvrage, la *Crise du Plomb*, p. 28.

Mais, s'il s'agit d'obtenir une même teinte dans les trois cas, l'expérience prouve aussi qu'il faudra appliquer :

1 couche de 102 fr. 96 pour le blanc de *céruse*. . . . 102 fr. 96.
2 » 124 fr. 39 » » d'*antimoine*. . . . 248 fr. 78.
3 » 104 fr. 05 » » de *zinc*. . . . . 312 fr. 15.

Il résulte de ce calcul que le blanc de céruse et le blanc d'antimoine fournissent des peintures d'un prix de revient sensiblement égal.

Il semble donc que, jusqu'à nouvel ordre, au point de vue de l'hygiène, de l'économie et des qualités techniques, le blanc d'antimoine est un excellent succédané de la céruse.

Il y a lieu de se préoccuper toutefois de la hausse qui atteindra fatalement les minerais d'antimoine, à mesure que les industries qui emploient ce métal, telles que la stéréotypie, la fabrication des coussinets et des armes, iront en se développant dans les différents Pays du Monde qui sont dépourvus de mines de stibine. Nous avons déjà étudié (Août 1901)(1), en prévision de cet évènement, quelques compositions très économiques à base de blanc d'antimoine et qui pourront un jour entrer dans la pratique. Nos blancs économiques peuvent être préparés en fondant du carbonate de soude avec un mélange d'antimoine et de salpètre ou de bioxyde de sodium et en traitant les eaux de lessive par une solution de sulfate d'alumine. Nous avons encore obtenu de bons résultats en traitant l'oxyde d'antimoine additionné de bauxite en poudre, par le silicate de soude, le produit final étant lessivé et desséché à 100° C. On peut encore traiter par la vapeur un mélange de bauxite et d'acide antimonique et calciner légèrement à l'abri de l'air ou sous un courant d'acide carbonique.

Enfin, les antimoniates de manganèse et de zinc fournissent des couleurs blanches convenables.

B. — Noir d'antimoine. Le *noir d'antimoine* est obtenu en poudre fine en traitant ses solutions par le zinc ou par le fer. Le dépôt pulvérulent est utilisé en statuaire pour bronzer les métaux ou le plâtre.

C. — Violet d'antimoine. — On peut l'obtenir par le mélange avec du *vermillon d'antimoine*, soit du *bleu d'antimoine*, soit du *bleu* d'outre mer.

D. — Bleu d'antimoine. — Depuis peu, on emploie, sous ce nom, une belle couleur qui, de l'avis même des praticiens, peut à peine être distinguée de l'outremer et fournit aux fabricants de fleurs artificielles un bleu en grains supérieur à tous ceux connus jusqu'à ce jour. Cette matière colorante, mélangée au

(1) Par application de notre brevet du 18 Juin 1901.

chromate de zinc ou aux jaunes d'antimoine, donne des verts aussi beaux et infiniment moins nocifs que les verts arsenicaux.

Pour le préparer, on traite l'antimoine métallique par l'eau régale, on filtre la solution à travers du verre pilé et on y ajoute une solution étendue de cyanoferrure de potassium tant qu'il se forme un précipité.

M. Krauss recommande de dissoudre dans l'eau du *tartre stibié*, (tartrate double d'antimoine et de potasse) ; on ajoute de l'acide chlorhydrique concentré ; il se forme un précipité blanc qu'on fait bouillir avec du cyanoferrure de potassium.

E. — Vert d'antimoine. — On l'obtient, nous l'avons dit, par des mélanges en proportions variables des différents jaunes et du bleu d'antimoine.

F. — Jaunes d'antimoine. — On connaît plusieurs jaunes d'antimoine :

1° *Jaune de Naples.* — Ce jaune, combinaison particulière d'oxyde de plomb et d'acide antimonique, aurait été découvert primitivement dans les laves du Vésuve.

Il existe plusieurs procédés de fabrication.

D'après le chimiste allemand Brunner, le plus beau jaune serait obtenu de la manière suivante :

On calcine doucement, dans un creuset de Hesse, jusqu'à fusion, un mélange intime de 2 parties d'émétique avec 4 parties de sel marin. Après le refroidissement, on épuise par l'eau la masse broyée pour enlever le sel marin.

2° *Jaune d'antimoine et de zinc.* — On prépare ce produit en calcinant au rouge sombre, avec accès d'air, des minerais d'antimoine oxydés et sulfurés, d'une couleur variant du jaune clair au rouge jaunâtre et qui représentent des combinaisons, en proportions variables, d'antimoine et d'oxygène, contenant des traces de stibine, d'oxyde de fer, de silice, d'arsenic et d'eau.

On agite constamment pendant l'opération qui peut avoir lieu dans un creuset ou dans un moufle. L'opération dure environ deux heures et elle est terminée lorsqu'il ne se dégage plus ni vapeurs d'eau, de soufre, d'acide sulfureux, ni fumées d'antimoine et d'arsenic. L'antimoine est alors complètement transformé en acide antimonieux anhydre.

On obtient déjà ainsi une couleur jaune très convenable. On peut l'aviver en l'additionnant de 3/12 de minium et de 1/12 d'oxyde de zinc. On calcine le tout.

Voici les différentes compositions de ces jaunes de Naples :

	a	*b*	*c*	*d*	*e*	*f*
Acide antimonieux	4	1	3	1	1	2
Oxyde de plomb	2	2	3	1	1	1
Oxyde de zinc	1	1	1	1	»	»

3° *Jaune de Mérimée.* — On mélange les substances suivantes finement broyées :

Bismuth métallique...........	3 parties.
Sulfure d'antimoine...........	24 —
Nitrate de potasse...........	64 —

On projette le mélange fondu dans un vase rempli d'eau, on délaie ; on lave par décantation. On calcine le dépôt ainsi obtenu avec une partie de chlorhydrate d'ammoniaque et seize parties de litharge. Cette couleur est recherchée dans la peinture fine; mais elle se ternit sous l'influence du soufre.

3° **Jaunes fixes**. — Il existe plusieurs formules de jaunes fixes ne redoutant pas les vapeurs sulfhydriques. On peut employer l'*acide antimonique*, en traitant par l'eau le perchlorure d'antimoine et le résidu par un acide énergique, chlorhydrique et azotique. On peut encore préparer, par double décomposition, l'*antimoniate de protoxyde de fer* et l'oxyder légèrement par calcination à l'air.

On obtient un jaune très résistant aux vapeurs de soufre, en traitant le perchlorure d'antimoine par un courant d'acide sulfhydrique. L'influence de ce dernier qui serait nuisible avec les jaunes de Naples et les noircirait, intervient au contraire ici pour aviver la couleur.

Nous avons préparé diverses nuances de ce jaune fixe en l'additionnant d'un oxysulfure obtenu par l'action du sulfoantimoniate de sodium sur une solution de sulfate de zinc. Le précipité jaune orange foncé, complètement insoluble, est desséché à 50°. Son mélange au persulfure, dans des proportions variables, fournit les diverses nuances depuis le jaune citron jusqu'au jaune orange.

Notre couleur jaune convient particulièrement pour pigmenter les nouvelles peintures blanches xanthogéniques inaltérables et notamment le " Fibrocol " actuellement très réputé en raison de ses qualités hygiéniques et de sa fixité (1).

G. — **Orange d'antimoine**. Il existe également plusieurs couleurs orangées variant du jaune orange au rouge.

R. Wagner prépare tout d'abord du *sulfantimonite de baryum*. On mélange à cet effet, les poudres suivantes :

Spath pesant.....................	2 parties
Antimoine cru (sulfure gris)	1 »
Charbon de bois.................	1 »

On fait rougir ce mélange dans un creuset de terre maintenu complètement clos jusqu'à parfait refroidissement, de crainte qu'il ne se produise une explosion au contact de l'air.

(1) Voir notre ouvrage sur " Le Fibrocol " Librairie Polytechnique Paris.

La masse est lessivée. On traite la liqueur filtrée jaune pâle jusqu'à précipitation complète de toute la couleur orange. On l'obtient plus vive en faisant bouillir la dissolution de sulfantimonite avec 1/5 de fleur de soufre.

En précipitant par l'acide sulfurique, on obtient un précipité de soufre doré combiné au blanc fixe.

En faisant passer un courant d'acide sulfhydrique dans une dissolution d'un sel d'antimoine, on obtient un précipité d'un beau rouge orangé, mais moins stable à l'air, que le précédent ; si l'opération est faite avec une dissolution d'un antimoniate alcalin, le jaune obtenu est très vif.

Enfin, nous avons obtenu une couleur d'antimoine d'un beau jaune orange, en traitant une solution étendue de sulfo-antimoniate de sodium par une bouillie résultant du mélange de 1 kilo de chaux vive, délayée dans 25 litres d'eau froide, avec 1 kilo de sulfate de protoxyde de fer, 1 kilo de sulfate de zinc et une proportion d'alun d'autant plus grande que la teinte doit être plus jaune ou moins rouge.

H. — KERMÉS ou Soufre doré d'Antimoine. — Cette couleur est d'un jaune brun. On peut l'obtenir par voie sèche ou par voie humide.

Par voie sèche, on fait fondre dans un creuset un mélange de 5 parties de sulfure d'antimoine et de 3 parties de carbonate de soude anhydre.

On traite la masse refroidie par 80 parties d'eau bouillante.

Il se dépose une matière pulvérulente d'un jaune brun qui est le *Kermés.*

Par voie humide, on fait bouillir, pendant ¾ d'heure, une partie de sulfure d'antimoine pulvérisé avec 22 ½ parties de carbonate de soude anhydre et 250 parties d'eau.

L'eau-mère refroidie peut dissoudre une nouvelle quantité de sulfure d'antimoine, et produire encore du Kermés.

Les eaux-mères du Kermès contiennent du sulfure d'antimoine, qui est maintenu en dissolution à la faveur du sulfure alcalin; traitées par un acide qui décompose le sulfure alcalin, elles laissent déposer un précipité qu'on nomme *soufre doré* d'antimoine.

I. — Crocus. — En fondant ensemble 8 parties d'oxyde avec 2 parties de sulfure, on obtient une couleur d'un rouge jaune.

J. — Foie d'Antimoine. — On l'obtient en fondant 8 parties d'oxyde avec 4 parties de sulfure. Il est d'un brun très foncé.

K. — Sulfure rouge orangé d'antimoine. — On attaque à chaud une partie de sulfure, minerai naturel, réduit en poudre, par sept parties d'acide chlorhy-

NOTICE

SUR LES

MINES D'ÉTAGNAC

Nouvelles applications industrielles

COULEURS D'ANTIMOINE

VERMILLON D'ANTIMOINE

Préparé directement à l'aide du minerai d'Étagnac

Spécimens de couleurs d'Antimoine

drique du commerce à 20 degrés. L'hydrogène sulfuré est absorbé par un lait de chaux.

Quand tout le sulfure est dissous, on décante la liqueur acide d'hydrochlorate d'antimoine. On l'étend d'eau de rivière jusqu'à formation d'un précipité blanc. On met ensuite dans des touries traversées par un courant d'acide sulfhydrique. On lave le précipité rouge et on le fait sécher à une température de 40 à 50 degrés. (1)

L. — Vermillon d'antimoine. — Le vermillon d'antimoine présente la nuance rouge la plus pure, ne virant ni à l'orange, ni au rose, ni au cramoisi. C'est une couleur inaltérable à l'air et à la lumière. Elle ne noircit pas la céruse et supporte parfaitement son mélange avec elle.

On prépare le vermillon par addition d'une solution d'hyposulfite de sodium ou de calcium, obtenue par lessivage des charrées de soude, à une solution de chlorure d'antimoine, préparée en faisant dissoudre du sulfure d'antimoine grillé dans de l'acide chlorhydrique. On chauffe peu à peu jusqu'à 50 degrés ; le vermillon se dépose avec une couleur rouge vif ; on le lave à l'eau acidulée d'acide chlorhydrique, puis à l'eau pure et on le fait sécher à la température ordinaire.

Il est employé dans l'impression des tissus et dans la fabrication des papiers peints.

Nous avons obtenu, en traitant directement le minerai brut d'Etagnac, un vermillon d'antimoine, légèrement plus sombre que celui du commerce, mais qui pourrait concurrencer avantageusement le " Minium de plomb " et le " Vermillon de mercure ".

(1) Nous avons préparé, en 1901, un sulfure mixte, en traitant directement du minerai d'Etagnac. Le produit obtenu est d'un rouge brun (V. Planche III). Il se mélange très bien avec l'huile et donne un enduit qui pourrait être utilisé avec avantage pour protéger les métaux de l'oxydation.

DÉCORATION CÉRAMIQUE

L'emploi de l'antimoine dans la décoration céramique remonte à la plus haute antiquité. Les oxydes d'antimoine figuraient seuls dans la palette des Chinois pour la préparation des jaunes de fond et des carnations saillantes. On obtient aujourd'hui, avec les mêmes produits, des teintes variées, au moyen d'additions, soit d'oxydes de zinc ou d'étain pour éclaircir les couleurs soit d'oxyde de fer pour en foncer le ton, soit d'oxydes de chrome et de cobalt pour les nuancer de vert.

C'est également à l'antimoine que les émaux jaunes et opaques doivent à la fois leur coloration et leur opacité.

Couleurs jaunes vitrifiables. — Les couleurs jaunes vitrifiables sont composées soit à l'aide d'oxyde combinés de plomb et d'antimoine, soit à l'aide d'antimoniate de potasse qui se prépare, lui-même, en projetant peu à peu dans un creuset chauffé au rouge, un mélange de 2 parties d'antimoine métallique pulvérisé et de 5 parties de nitre. Le résidu est lavé à l'eau froide. Ces couleurs additionnées de proportions variables d'oxydes de zinc et de fer et quelquefois d'étain, s'emploient toujours mélangées au fondant de Sèvres n° 2, renfermant : 6 parties de minium, 2 parties de sable, 1 partie de borax fondu.

On obtient ainsi :

Jaune (pour porcelaine dure) N° 2.		N° 3.	
Minium.......	100 p.		120
Acide bor. crist.	90	—	90
Sable.........	120	—	120
Antimoine diaphorétique.	120	—	12
Oxyde de rouge de fer...	30	fleur de zinc.	30

Jaune N° 4.		
fondant N° 2..............	880	840
fleur de zinc...............	35	40
Oxyde de fer hydraté jaune..	70	80
Antimoine diaphorétique ...	15	40

Jaune N° 6. (pour faïences)	Pâle	Jaune	Jaune d'or
Antimoniate de potasse.	60	60	60
Minium.......................	90	60	90
Carbonate de soude...........	10	15	»
Oxyde de fer hydraté..........	»	12	56

Les " jaunes " réglementaires de la palette de Sèvres sont obtenus à l'aide de l'antimoniate de potasse et de plomb. Ce sont les n°s 9, 10 et 11.

Jaune clair n° 9. — Ce jaune convient pour la porcelaine dure ; il s'appliquerait également bien sur émail et sur porcelaine tendre. Il se mélange très bien avec les " *couleurs d'or* " et donne les " *rouges* " si solides et si recherchés pour les carnations des peintures émaillées.

On produit le jaune clair n° 9 en fondant ensemble :

Mine orange........................	120
Sable d'Etampes....................	40
Borax fondu.	40
Antimoniate acide de potasse	40
Carbonate de zinc hydraté...........	30

On mêle au mortier de porcelaine, puis on pousse la fusion jusqu'à ce que tout bouillonnement ait cessé. On coule, on laisse refroidir et on porphyrise.

Jaune moyen n° 10. — On fond ensemble .

Mine orange........................	120
Sable d'Etampes....................	40
Borax fondu........................	40
Antimoniate acide de potasse.........	40
Carbonate de zinc hydraté...........	20
Hydroxyde de fer jaune.............	20

Jaune foncé n° 11. — On l'obtient comme le n° 10, en supprimant, dans le mélange, le carbonate de zinc et l'oxyde jaune de fer et en ajoutant 20 parties de colcothar ou oxyde rouge. On fond à un fort feu pour dissoudre entièrement l'oxyde de fer.

Enfin, nous indiquerons seulement plusieurs autres formules de couleurs vitrifiables employées dans la décoration céramique :

	FONDANT N° 2.	ANTIMONIATE DE POTASSE	CARBONATE DE ZINC	OXYDE DE FER, ROUGE
N° 41. — B. Jaune clair pour bruns et verts.	75	17	8	»
N° 42. — P. F. Jaune jonquille............	79	14	7	»
N° 43. — Jaune foncé pour bruns et verts...	75	17	4	4
N° 46. — Jaune foncé....................	75	17	»	8
N° 47. — Jaune pâle pour carnations......	84	4	4	8

On voit par ces quelques exemples, combien est important le rôle de l'antimoine dans la décoration céramique et cette circonstance seule explique pourquoi le célèbre porcelainier Alluaud, collaborateur du minéralogiste

Brongniard, (fondateur lui-même du Musée Céramique et Directeur de Sèvres), manifesta constamment, durant sa longue et laborieuse carrière, la préoccupation de découvrir et de remettre en exploitation les gisements d'antimoine du Limousin.

∴

Ce ne fut certainement pas avant le XIVe siècle que les oxydes antimonieux trouvèrent une application sérieuse dans l'émaillerie. Les procédés du " champlevé " et du " cloisonné " ne se prêtaient guère à leur emploi. Le bronze doré et souvent l'or pur dont se composait l'excipient métallique, avec leurs nombreux rehauts et bossages, faisaient suffisamment dominer le jaune d'un fond noble et appelaient l'agréable contraste des " verts " et des " bleus ", savamment distribués dans les " creux de bosselage " et dans les " entailles " sinueuses des œuvres d'orfèvrerie limousine du Moyen Age qui accusent un sentiment esthétique si élevé.

La découverte ou plutôt l'importation en Limousin de l'industrie porcelainière, en offrant aux artistes décorateurs un excipient plus économique que les plaques d'orfèvrerie, vint faciliter la vulgarisation de l'émaillage, alors que les artistes de cette contrée, dont le talent était si souvent trahi par l'infériorité des procédés industriels, parvenaient à découvrir la véritable peinture en émail, qui permit d'utiliser les ressources de la peinture ordinaire et devait bientôt féconder le génie des maîtres de la Renaissance.

L'émail, manié au pinceau, rendit tout à la fois le trait et le coloris, le métal, la porcelaine ou la simple faïence culinaire ou architecturale ne furent plus que les matières subjectives de la couleur comme la toile dans la peinture.

Sous l'influence de la Renaissance Italienne, de nouvelles industries céramiques prirent dès lors, dans notre pays, un développement considérable. Leurs applications architecturales firent merveille au XVIe siècle et au commencement du XVIIe, dans l'ornementation des palais et des demeures seigneuriales. Mais, sous l'influence de Louis XIV et de Louis XV, jaloux de ressusciter les grands aspects de l'art romain, l'architecture colorée tomba bientôt en discrédit. Pendant le XVIIIe siècle et les premières années du XIXe, alors que le bouleversement social et les crises économiques paraissent affecter le génie des architectes, la couleur disparaît des façades des édifices et la peinture céramique cesse de prêter aux constructions civiles, dans la décoration intérieure et extérieure, le charme et la puissance de ses moyens expressifs.

Dès les premières années du siècle, Brongniard, Alluaud et plusieurs céramistes contemporains font d'intelligents efforts pour restaurer les traditions de la polychromie. Ils améliorent surtout les procédés d'émaillage du vernis porcelainique.

Depuis une cinquantaine d'années, l'art de construire a quitté son vieil esprit de routine et repris son développement artistique normal. L'architecture, répudiant l'imitation servile et la mode léthale du grand règne, s'épanouit enfin sous une physionomie vivace. Le fer et la céramique décorative se mélangent harmonieusement dans les édifices modernes.

L'Exposition de 1878, et surtout celle de 1889, ont fourni de brillants exemples du parti que les ingénieurs et les architectes peuvent tirer des revêtements en faïence ou en porcelaine. Pourquoi, écrivait Viollet-le-Duc, nous priverions-nous de ces précieuses ressources? Son contemporain, le grand architecte Garnier, ne prévoyait-il pas cette vive réaction contre l'architecture froide, guindée et rectiligne, lorsqu'il énonçait ces paroles prophétiques : « Les fonds de corniches reluiront de couleurs éternelles, les travaux seront enrichis de panneaux scintillants et les frises dorées courront le long des édifices; les monuments seront revêtus de marbres et d'émaux et les mosaïques feront aimer à tous le mouvement et la couleur. »

Aidée par le progrès scientifique, la polychromie est aujourd'hui le grand objectif de tous les arts, de toutes les industries. (1)

Aussi, cette digression plus apparente que réelle, nous amène-t-elle à conclure qu'avant peu les couleurs d'antimoine qui produisent déjà les tons les plus gais de l'émaillage et donnent surtout ces jaunes saillants, ces traits de lumières qui vivifient les « gloires » de tous les grands peintres, ces teintes ardentes qui paraissent incruster sur les merveilleuses façades des palais de Venise, de Florence et de Naples, les rayons dorés du soleil couchant, retrouveront en France leur ancienne vogue des siècles de la Renaissance.

Nous terminerons par cette observation qu'il est inexact que les diverses couleurs d'antimoine, connues sous le nom générique de jaunes de Naples, tirent cette dénomination de leur origine spéciale et soient extraites des laves du Vésuve. Les convulsions volcaniques sont marquées, il est vrai, par des émissions de produits terreux et surtout de poussières jaunâtres ; mais les analyses des savants et notamment celles qui viennent d'être faites sur les « cendres jaunes » projetées par l'éruption actuelle, ne décèlent aucune trace d'antimoine. Il est plus logique d'admettre que ces couleurs ont reçu le nom de la ville qui a su, de tout temps, en tirer le meilleur parti artistique.

D'ailleurs, nos compatriotes qui reviennent de la Péninsule, émerveillés par

(1) L'Industrie de l'appareillage électrique emploie déjà, elle-même, les oxydes d'antimoine dans la fabrication des *Abat-jour* artistiques et des *refléteurs* en verre jaune opaque.

le coloris de l'architecture italienne, seraient bien surpris d'apprendre que ce sont précisément nos mines françaises qui fournissent en plus grande abondance, dans le monde entier, la matière première et les oxydes basiques du " Jaune de Naples " !

ALLIAGES ET COMPOSÉS MÉTALLIQUES

Les alliages métalliques, nous l'avons expliqué, constituent un débouché très important pour l'antimoine. Nous classerons ces alliages et les combinaisons chimiques analogues, d'après leur degré de cohésion moléculaire.

1° **Hydrure d'antimoine.** — L'hydrogène antimonié est plutôt une combinaison qu'un alliage. On l'obtient à l'état gazeux, en traitant par l'acide chlorhydrique, un alliage de deux parties de zinc et d'une partie d'antimoine.

Lorsque cet alliage renferme une plus grande quantité d'antimoine, il se dissout plus difficilement et produit plus d'hydrogène libre. Un alliage formé de parties égales des deux métaux, ne produit pour ainsi dire que de l'hydrogène pur.

On peut obtenir un composé solide d'hydrogène et d'antimoine, en déchargeant, au moyen de l'antimoine, employé comme conducteur négatif, une pile électrique à travers un mélange d'eau et d'acide sulfurique. Une partie de l'hydrogène, ainsi dégagé, se combine avec l'antimoine et le composé se détache sous forme de flocons bruns.

Si on introduit du bichlorure de mercure dans le bain, on obtient un alliage mixte ou amalgame d'hydrogène, d'antimoine et de mercure, très instable dès qu'il n'est plus sous l'influence du courant galvanique.

Le phénomène de dissociation est accompagné d'un développement de chaleur et d'électricité. Il se produit un courant secondaire renversé.

Bien que nos études sur cette curieuse et délicate réaction soient encore peu avancées, les résultats acquis nous permettent déjà d'entrevoir son utilisation future dans la fabrication des piles secondaires et des accumulateurs.

2° **Alliage liquide mercuriel.** — Le mercure peut dissoudre diverses proportions d'antimoine. Il en résulte des alliages blancs, d'autant moins fluides qu'ils sont plus riches en antimoine. A l'état solide, ils n'offrent aucune consistance et s'égrennent au moindre choc. Ils ne présentent qu'un intérêt théorique.

3° **Alliages Alcalins.** — La potasse et la soude sont réduites avec une grande facilité par le charbon, en présence de l'antimoine, et produisent des alliages qui peuvent contenir jusqu'à 25 % de métal alcalin.

On prépare ordinairement l'alliage de potassium et d'antimoine en maintenant au rouge, pendant deux ou trois heures, un mélange de 6 parties d'émétique et de 1 partie de nitre, ou de parties égales d'antimoine et de crème de tartre grillé. On obtient un culot métallique, très dense, gris verdâtre, cassant, à texture lamelleuse.

Cet alliage, utilisé pour préparer les radicaux métalliques de l'antimoine, présente certaines propriétés du potassium : exposé à l'air humide, il s'échauffe rapidement, et peut même enflammer les corps organiques avec lesquels on le met en contact. Par l'action de l'eau, il dégage de l'hydrogène et laisse un résidu d'antimoine ; la liqueur retient de la potasse en dissolution.

Mis en contact avec le mercure, il lui cède du potassium qui s'amalgame et l'antimoine se trouve isolé.

Les alliages alcalins, finement divisés dans un grand volume de charbon, agissent instantanément sur l'air et sur l'eau, deviennent d'une excessive combustibilité, et sont même quelquefois pyrophoriques et fulminants.

On obtient un alliage qui s'enflamme avec explosion, sous l'influence de l'air humide, en calcinant, pendant trois heures, des mélanges intimes de 100 parties d'émétique et de 3 parties de noir de fumée, ou de 100 parties d'antimoine métallique, de 75 parties de crème de tartre grillée, et de 12 parties de noir de fumée.

Les creusets doivent être préalablement enduits d'une légère couche de charbon, pour que la masse n'y adhère pas. On ne doit la retirer d'ailleurs qu'après complet refroidissement.

Un emploi judicieux de ces alliages pyrophoriques, utilisés déjà pour enflammer la poudre sous l'eau, entrainerait à notre avis de sérieuses améliorations dans la fabrication actuelle des allumettes chimiques, si peu inflammables par les temps humides.

Les alliages suivants sont tous durs et cassants et leur degré de cohésion varie avec les proportions des métaux combinés.

4° **Alliages de Cooke.** — On connait deux combinaisons cristallisées d'antimoine et de zinc, ayant pour formules $Sb^1 Zn^1$ et $Sb^2 Zn^2$. Pour préparer le composé $Sb^2 Zn^3$, on fond 57 parties d'antimoine avec 43 de zinc et, après avoir agité le mélange avec précaution, on le laisse refroidir dans le creuset jusqu'à ce qu'il se soit recouvert d'une croûte que l'on perce pour faire écouler la partie encore liquide. On voit alors l'intérieur du creuset tapissé de magnifiques cristaux prismatiques rhomboïdaux terminés en pointe. L'alliage $Sb^2 Zn^2$ cristallise en octaëdres ; on le prépare de la même manière, en fondant ensemble 68, 5 d'antimoine et 31, 5 de zinc. (Fremy).

Ces deux combinaisons définies du zinc et de l'antimoine jouissent de la propriété de décomposer l'eau à la température de l'ébullition : à tel point que 200 grammes du premier alliage dégageraient, en 10 minutes, 130 centimètres cubes de gaz hydrogène. Ce dégagement est encore accéléré lorsqu'on ajoute quelques gouttes de chlorure de platine à la liqueur : on peut ainsi obtenir jusqu'à 244 centimètres cubes d'hydrogène, en dix minutes, avec 200 grammes de $Sb^2 Zn^2$. Le chimiste Cooke a recommandé l'emploi de ces alliages pour préparer dans les laboratoires de l'hydrogène pur.

5° **Alliages de Réaumur.** — Lorsqu'on chauffe au blanc, dans un creuset brasqué, un mélange de 70 parties d'antimoine et de 30 parties de fer, on obtient un alliage très dur, blanc et peu magnétique, qui devient plus dur encore quand on augmente la proportion de fer. Cet alliage produit des étincelles sous l'action de la lime.

Il se forme toujours lorsqu'on réduit le sulfure d'antimoine par un excès de fer.

6° **Alliage d'or et d'antimoine.** — L'antimoine a une très grande affinité pour l'or et le dissout rapidement. La moindre fumée d'antimoine suffit pour modifier la ductilité de l'or. Les alliages d'or et d'antimoine sont d'un jaune paille, à cassure grenue et mate comme celle de la porcelaine. On l'utilise en orfèvrerie.

7° **Alliages de cuivre et d'antimoine.** — On obtient une combinaison très rapide par la fusion des deux métaux.

L'alliage, formé de parties égales des deux métaux, est d'une belle couleur violette. Généralement l'étain intervient dans la composition des alliages cupriques utilisés dans l'industrie.

8° **Alliages d'argent et d'antimoine.** — Ces deux métaux ont une très grande affinité. Ils sont d'autant moins blancs et plus cassants qu'ils renferment une plus grande proportion d'antimoine.

9° **Alliages d'aluminium et d'antimoine.** — Nouvellement découverts, ces alliages ont été étudiés par M. Pécheux. Von Aubel, (1895), avait obtenu l'alliage $Sb Al$, fondant à 1080° ; L. Guillet (1902) a pu préparer les composés $Sb Al$, $Sb Al^2$, $Sb Al^3$ et $Sb Al^{10}$ qui se transforment à la longue en un produit noir pulvérulent. Pécheux a préparé depuis : $Sb Al^{30}$, densité = 2,73 ; $Sb Al^{6}$, densité = 2,7 ; $Sb Al^{8}$, densité = 2,662 ; et $Sb Al^{10}$, densité = 2,598.

Le point de fusion de ces quatre alliages varie entre 760° et 730°, alors que le point de fusion de l'antimoine est de 160° et celui de l'aluminium 650°. Ils se dilatent en se solidifiant, sont sonores, se travaillent difficilement à la lime, mais sont peu cassants et se plient assez bien.

Ils sont d'un gris bleuâtre et inaltérables à l'air et dans l'eau à la température ordinaire. L'alliage $SbAl^{30}$ décompose rapidement l'eau bouillante. La légèreté, la malléabilité et la dureté de ces alliages leur assurent un certain avenir dans l'industrie métallurgique constructions navales, sous-marines, automobilisme, aërostation).

10° **Alliages d'étain et d'antimoine.** — Ces alliages sont aussi blancs que l'étain, beaucoup plus durs et moins ductiles.

L'alliage formé de 90 parties d'étain, 10 d'antimoine, d'un très bel éclat, sert dans la fabrication des ustensiles en " *Métal anglais* ". On en fait des théières, des tasses, etc. Les Anglais emploient pour le même usage, un alliage dit " *Pewter* ", composé de 88,42 d'étain ; 7,16 d'antimoine ; 3,54 de cuivre ; 0,88 de bismuth.

Le " *métal d'Alger* ", avec lequel on fabrique également de la vaisselle et des couverts, se compose de 75 d'étain et de 25 d'antimoine. On connait enfin différents alliages d'étain et d'antimoine : $Sn^4 Sb$; $Sn^8 Sb^5$; $Sn^1 Sb^2$; $Pb^1 Sb^2 Sn^5$; $Pb Sb Sn^2$; $Sn^3 Sb^2 Cu^3$.

11° **Alliages de Plomb et d'Antimoine.** — L'antimoine allié au plomb augmente sa dureté. Il ne le rend très cassant que lorsqu'il entre en grandes proportions dans l'alliage.

La formule $Pb^3 Sb$, dans laquelle $Pb = 76$ p., $Sb = 24$ p., parait correspondre au point de saturation des deux métaux. Il est plus fusible que chacun des composants, ductile et beaucoup plus dur que le plomb. Il sert à la fabrication des caractères d'imprimerie. Il augmente de volume en se figeant, condition essentielle pour obtenir un moulage parfait.

Les principales formules de ces alliages plombeux sont : $Pb^4 Sb$, $Pb Sb$, $Pb Sb^2$, $Pb Sb^3$. Les planches stéréotypes, dont l'usage augmente sans cesse, les lignes de linéotypes et les clichés de musique sont constitués à l'aide d'alliages plombeux ayant pour formules : $Pb = 75$ à 80 ; $Sb = 25$ à 20 : — ou $Pb = 72$, $Sb = 18$, $Sn = 25$.

L'addition d'étain améliore beaucoup l'alliage. Il acquiert plus de ténacité et le grain en devient plus fin. On augmente quelquefois la proportion de plomb, mais pour abaisser le prix de l'alliage au détriment de la qualité.

MORDANÇAGE DES TISSUS

Les sels d'antimoine sont employés dans le *mordançage* des tissus, soit comme mordants empâteurs ordinaires, soit comme mordants *décolorants*. Les compositions varient suivant les cas ; elles sont plutôt basiques dans le premier et acides dans le second.

On les emploie également pour l'*avivage* et pour le *fixage* après *étente d'oxydation*. L'émétique est souvent employé : mais le produit le plus en usage est le *fluorure d'antimoine*.

Le fluorure d'antimoine est obtenu en dissolvant le protoxyde d'antimoine dans l'acide fluorhydrique et en évaporant lentement la solution entre 70° et 80°. Il se présente en cristaux incolores, solubles dans l'eau sans décomposition. Le fluorure double d'antimoine et de potassium s'obtient en dissolvant dans un excès d'acide fluorhydrique, un mélange de 153 parties d'oxyde d'antimoine et de 200 parties de carbonate de potasse. Ce sel double cristallise en petites paillettes stypiques, solubles à 13° dans 9 parties d'eau, et dégage de l'acide fluorhydrique lorqu'on les expose à l'air humide.

En nous basant sur cette propriété, nous avons proposé l'emploi de ces sels doubles à base de potasse ou de soude pour le *décapage* des *vieilles peintures*, notamment dans la marine où l'opération du *raclage* des coques enduites de céruse ou de vert de schweinfurt, présente de grands dangers d'intoxication pour les ouvriers.

ACTION BIOLOGIQUE

L'absorption de l'antimoine n'est peut-être pas sans danger, mais, à vrai dire, il n'a pas été considéré jusqu'ici comme un poison sous forme d'oxyde insoluble.

Une légende raconterait que le moine Basile Valentin, le premier propagateur de l'antimoine, vers le milieu du XVe siècle, ayant observé son action purgative sur les animaux et l'ayant expérimentée sur ses confrères, tous en moururent, d'où serait venu le nom d'*antimoine*. Mais cette étymologie n'est pas fondée, car « antimonium » se trouve dans les écrits de Constantin l'Africain, médecin Salernitain qui vivait à la fin du XIIe siècle. On le fait dériver, avec plus de raison, de *anti* et de *monos*, parce qu'il ne se trouve jamais seul.

Sous forme soluble et particulièrement à l'état d'*émétique*, on le considère plutôt comme un médicament utile. D'après Orfila, Flandin, Danger et Milon, ses solutions traversent rapidement l'économie animale ; il est facilement éliminé avec les urines. Dans quelques circonstances rares, il se fixe au milieu des tissus. Les organes dans lesquels il se concentre et où le toxicologue devra le rechercher en même temps que l'arsenic, sont le foie, la rate et les reins.

Plusieurs docteurs tels que Navies, Van des Bosch, Hahnemann, Strack, Philip, ont essayé, avec succès, et recommandé l'emploi des sels d'antimoine contre les coliques saturnines déterminées par l'usage de la céruse.

Dans notre traité sur la " Contamination " (1) nous avons conseillé l'incorporation des antiseptiques aux pâtes à papiers de tentures et aux enduits colloïdaux qui servent, soit pour fixer les papiers sur les murs, soit pour décorer directement ces derniers

Une routine invétérée a fait négliger jusqu'à ce jour ces précautions élémentaires d'hygiène domestique.

D'ailleurs, depuis l'époque où la publication de notre ouvrage détermina le grand homme d'Etat Waldeck-Rousseau à faire interdire dans toute la Province l'emploi des *vieux papiers* pour l'enveloppement des comestibles, la plupart des arrêtés préfectoraux sont tombés en désuétude [2] et les " Conseils d'Hygiène " sont restés indifférents à cette grave question de salubrité domestique : " *La contamination des surfaces murales* ". On recommande, il est vrai, l'emploi des peintures à l'huile, *lavables*, pour la décoration des plafonds et des murs. Mais tout le monde sait fort bien que les murs et surtout les plafonds ne sont *jamais lavés !* Cette précaution, si chère aux hygiénistes routiniers, est donc illusoire et les microbes homicides restent suspendus sur nos têtes et contaminent l'atmosphère des habitations dès que les moindres vibrations les détachent de leur excipient aérien.

L'incorporation des antiseptiques dans la substance décorative, elle-même, offre seule, à notre avis, toutes les garanties désirables, sous nos climats où l'anhydrobiose n'est jamais à redouter.

Le choix des antiseptiques présente, lui-même, une importance primordiale ; les substances organiques qui subissent, à la longue, des altérations chimiques, sont à rejeter et parmi les composés métalliques, les sels à base de zinc, de

(1) La " *Contamination* " par G. Hyvert, 1902, p. 121.

(2) M. Failliot, du Syndicat de la Papeterie dont les efforts, combinés à ceux de M. Forlin, parvinrent à briser auprès de la Préfecture de la Seine, les derniers remparts de résistance, s'exprimait ainsi : « A l'appui de ces conclusions M. G. Hyvert, publiait le 28 Février 1902 un remarquable ouvrage dans lequel ce que « M. Hyvert appelait " un mal social " était magistralement traité. La réforme nécessaire qu'il deman- « dait, réclamant l'intervention municipale, commentant la jurisprudence actuelle, allait bientôt devenir un fait « accompli.

« A la suite d'une circulaire du Ministre de l'Intérieur, enfin convaincu, la plupart des Préfets prenaient des « arrêtés. Mais Paris quantité négligeable, sans doute, restait en dehors de ces mesures d'hygiène ». (Journal *La Papeterie*, 25 Août 1902.

cadmium, de cuivre, produiront une efficacité satisfaisante. Les sels d'arsenic conviendraient certainement mieux, en raison de leur grande énergie, si leur action nocive sur l'économie n'en faisait prohiber rigoureusement l'emploi. L'**antimoine**, au contraire, qui peut offrir à l'Industrie du Bâtiment, des pigments d'un coloris très agréable, présente cette double fonction de convenir simultanément à la bonne décoration et à l'assainissement des intérieurs. Combiné au " Fibrocol ", il peut fournir des peintures et des badigeons antiseptiques pour divers usages. Incorporé dans la pâte des papiers *couchés*, si altérables par suite de la fermentation anticellulosique des substances colloïdales en usage, il pourrait leur assurer cette longévité qui permettrait de conserver pour les âges futurs ces chefs-d'œuvre, actuellement si éphémères, de l'Impression photographique. (1).

Enfin, l'Industrie des chemins de fer peut offrir un débouché considérable aux sels d'antimoine en utilisant leur action sur les végétations parasites.

Aux Etats-Unis et sur tous les territoires de l'Empire Britannique, les Compagnies de chemins de fer ont adopté une mesure radicale et peu coûteuse pour débarrasser les voies ferrées des végétations vivaces qui désorganisent la superstructure. Plusieurs fois dans l'année, et à l'aide de wagons distributeurs spéciaux, tous les réseaux sont arrosés de dissolutions arsenicales. En France, des préoccupations d'hygiène, très légitimes, ont fait repousser jusqu'à ce jour ce moyen très efficace. Mais nous pensons qu'on obtiendrait, sans aucun danger pour la santé publique, d'excellents résultats en adoptant l'usage des dissolutions d'antimoine. A notre avis, une dissolution de fluorure d'antimoine conviendrait parfaitement. Ce composé présente l'avantage de se transformer à l'air, immédiatement après son action sur les végétaux, en fluorures calciques et oxydes inertes.

Nous soumettons cette idée nouvelle à l'attention de l'Etat et des grandes Compagnies qui pourraient ainsi réaliser une très grande économie budgétaire dans le sarclage périodique et dans l'entretien des voies ferrées.

MINERAIS D'ANTIMOINE

Antimoine natif. — Métal blanc d'étain, fragile, aigre ; cassure lamelleuse, dureté = 3, 5 ; densité = 6,5. La forme primitive est le rhomboèdre de 87° 35'.

(1) Les principaux agents des fermentations anticellulosiques sont le *bacillus amylobacter* et le *bacillus butyricus*. Ce dernier se développe surtout dans les graisses et matières colloïvales caséineuses. Il provoque dans ces milieux la fermentation *butyrique* butyrum : beurre, d'où son nom. V. *Contamination*. p. 121, 122 et suiv.

Il possède trois clivages qui conduisent à la forme primitive. Il fond au chalumeau et émet des vapeurs blanches ; il est soluble dans l'acide chlorydrique et attaquable par l'acide azotique avec formation d'un dépôt blanc.

Antimoine sulfuré. (*Stibine*). SbS^3 — Il est gris de plomb ou d'acier avec une teinte bleue prononcée : les cassures fraîches sont très brillantes. Sa poussière est gris noir. Dureté = 2 ; densité = 4,62.

La forme primitive est le prisme rhomboïdal droit dans lequel l'incidence des bases latérales est de 90° 45' et le rapport de l'un des côtés de la base à la hauteur est 1 : 1,45. Ses cristaux sont toujours très allongés avec un clivage facile, parrallèle à la petite diagonale. Les cristaux sont surmontés de pointements simples ou doubles et striés en long, ce qui leur donne l'aspect cylindroïde ou bacillaire. On le rencontre aussi à l'état aciculaire, grenu ou compact.

Il fond à la flamme d'une bougie ; sur le charbon, il répand des vapeurs blanches et une odeur sulfureuse. Il est attaqué par l'acide chlorhydrique avec dégagement d'acide sulfhydrique, et par l'acide azotique avec formation d'un dépôt blanc.

Jamesonite $3\,PbS^2\,SbS^3$. — Minéral gris d'acier, tirant sur le gris de plomb foncé, avec éclat métallique ; dureté d = 2,5, densité = 5,56 à 5,62.

Les cristaux sont rares et imparfaits : la forme primitive est le prisme rhomboïdal droit de 101°,20', dont les dimensions sont inconnues ; Son clivage est très net et parallèle à la base. On la rencontre en masses cristallines, bacillaires ou fibreuses, à fibres droites ou divergentes.

Au chalumeau, elle fond et donne des vapeurs antimoniales. Elle est soluble dans l'acide nitrique avec dépôt blanc d'oxyde.

Antimoine oxydé. (Sénarmontite). Sb^2O^3. — Minéral blanc, nacré, quelquefois gris ou jaunâtre, opaque, plus rarement translucide ; il est très fragile, sa cassure est inégale ou résineuse ; densité = 5,30, dureté = 2,5.

Il cristallise dans le système régulier ; la forme de ses cristaux est l'octaèdre ; il ne présente pas de clivages.

Il est fusible au chalumeau, avec formation d'enduit blanc ; il est volatil. L'acide chlorhydrique le dissout facilement.

b.- ANALYSE DES MINERAIS D'ANTIMOINE

I. RÉACTIONS CARACTÉRISTIQUES DES SELS D'ANTIMOINE

1° **Sels Antimonieux.** — *L'eau* rend laiteuse les solutions des sels antimonieux ; l'acide chlorhydrique fait disparaître ce trouble. *L'hydrogène sulfuré* donne un précipité rouge orangé, ou une coloration rougeâtre en liqueur étendue. *Le sulfhydrate d'ammoniaque* donne un précipité rouge orangé, soluble dans un grand excès du réactif. *L'ammoniaque* donne un précipité blanc volumineux, presque insoluble. Le *carbonate de potasse* donne un précipité analogue, soluble dans un grand excès du réactif. Le *phosphate de soude*, *l'acide oxalique* donnent des précipités blancs volumineux. Le *ferrocyanure* donne un précipité blanc insoluble dans l'acide chlorhydrique. La *noix de galle* donne un précipité blanc jaunâtre, le *zinc métallique* un précipité d'antimoine. Le permanganate de potasse est décoloré.

2° **Sels antimoniques.** — *a.* Solutions acides Les *alcalis* et leurs *carbonates* donnent un précipité blanc, soluble à chaud dans un excès de réactif. Le *permanganate de potasse* n'est pas décoloré. Les autres réactions sont semblables à celles des sels antimonieux.

b. Antimoniates — *L'acide chlorhydrique* donne un précipité blanc soluble dans un excès de réactif. Les acides *sulfuriques* et *nitriques* donnent des précipités blancs, solubles à chaud.

L'hydrogène sulfuré donne un précipité rouge orangé, si le liquide ne contient pas de potasse libre. Le *nitrate d'argent* donne un précipité gris d'antimoniate et d'oxyde d'argent, soluble dans l'ammoniaque.

II. — DOSAGE INDUSTRIEL DE L'ANTIMOINE

On trouvera dans les traités de docimasie de nombreuses méthodes de dosage de l'antimoine. Nous indiquerons seulement les deux qui nous ont paru les plus simples.

1° *Méthode de Jagnaux.* — On traite 25 grammes de minerai par l'acide chlorhydrique bouillant ; on laisse déposer, on décante la liqueur claire ; on ajoute de l'acide sur le résidu, on fait bouillir, on décante et ainsi de suite jusqu'à ce qu'il ne se dégage plus d'acide sulfhydrique. On reçoit la gangue sur un filtre, on lave à l'eau bouillante.

On réunit toutes les liqueurs, on lave le dépôt filtré à l'eau bouillante. On dessèche le filtre, on en sépare l'antimoine ; on le fond dans un creuset au rouge vif, avec 25 grammes de cyanure de potassium.

2° *Méthode de Guyard.* — On dissout 1 gramme à 1 gr. ½ de la substance à analyser : si la dissolution est acide, on la sature par l'ammoniaque ; puis on y ajoute du sulfhydrate d'ammoniaque. Après filtration, on traite par l'acide chlorhydrique faible. Quand le sulfure d'antimoine est bien déposé, on décante la plus grande partie du liquide et l'on dissout le sulfure dans l'acide chlorhydrique concentré. On ajoute alors un peu d'acide tartrique et l'on filtre pour séparer le soufre précipité. Si la dissolution est bien dépouillée d'acide sulfhydrique, on l'étend immédiatement d'environ 1 litre d'eau froide et, si elle se trouble, on y met un excès d'acide chlorhydrique pur. On verse alors une dissolution normale de caméléon, en s'arrêtant dès que la teinte rose caractéristique apparaît.

La solution de permanganate (caméléon) est préparée de manière que 30 centimètres cubes correspondent à 1 gramme d'antimoine.

On peut doser ainsi les minerais sulfurés qui renferment des traces de fer, de nickel, de plomb, de cuivre, d'arsenic.

MARCHÉ DES MINERAIS D'ANTIMOINE

1° Statistique de la production de l'Antimoine

	1894	1895	1896	1897	1898	1899
France (minerais)	6.144 (tonnes)	»	5.675	»	4.400	7.400
Hongrie (minerais)	696	»	905	»	»	1.905
Portugal (minerais)	803	»	595	»	400	245
Allemagne (minerais)	421	»	»	1.665	2.000	»
Algérie —	175	»	658	»	138	200
Etats-Unis —	»	»	556	680	1.000	»
Mexique —	»	»	3.231	»	»	»
Australie —	»	»	»	200	»	»
Italie —	»	»	»	»	»	3.800
Espagne —	»	»	»	»	»	50
Japon —	»	»	»	»	»	1.200

Il résulte de ce tableau que la France, très riche en mines d'antimoine, est le pays qui produit la plus grande quantité de ce métal.

L'exploitation des mines de stibine françaises, longtemps confinée dans des limites très restreintes, s'est développée depuis peu et progresse sans cesse. La production dépasse aujourd'hui 10.000 tonnes et permet l'approvisionnement des principaux pays du Globe.

2° Formules de Vente des Minerais d'Antimoine. — Le Marché est presque entièrement concentré à Londres.

La tendance actuelle est de vendre plutôt des sulfures naturels que le sulfure liquaté.

Le cours de l'antimoine métallique dit « régule », à Londres, s'exprime en livres sterling et par tonne de 1.016, moins 2 1/2 % d'escompte.

On paye les minerais d'après la formule : (1)

$$p = \frac{t}{100}\left(1 - \frac{1}{n}\right)(c - f).$$

dans laquelle :

p = Prix des 1000 kilos de minerai.

t = Teneur en centièmes, constatée par voie sèche.

$1/n$ = Déchet de fabrication.

c = Cours du régule en francs et par tonne de 1000 k.

f = Frais de fusion bonifiés à l'acheteur.

Valeur de $\frac{1}{n}$ pour des teneurs de :

55 % et au dessus	9
50 à 55	10
45 à 50	11
40 à 45	15
35 à 40	18

f varie de 350 à 500 fr. suivant les circonstances et la qualité.

Ajoutons enfin cette indication typique : *l'antimoine qui valait à peine de 800 à 900 fr. la tonne en 1903 est coté actuellement 2250 fr. avec tendance ferme.*

(1) Agenda Dunod.

PRODUCTION DE L'ANTIMOINE

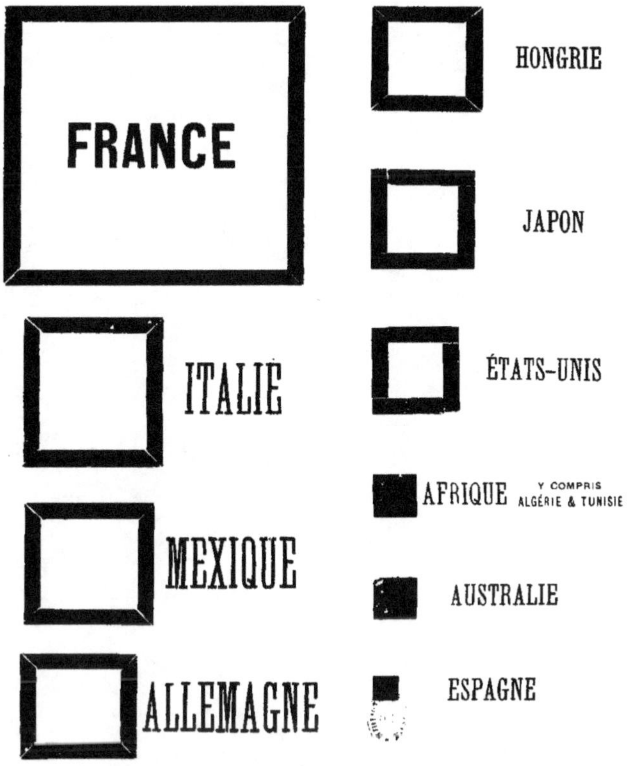

FRANCE

HONGRIE

JAPON

ITALIE

ÉTATS-UNIS

AFRIQUE Y COMPRIS ALGÉRIE & TUNISIE

MEXIQUE

AUSTRALIE

ALLEMAGNE

ESPAGNE

NOTA. — Les pays non mentionnés ont une production insignifiante.

d. — MÉTALLURGIE DE L'ANTIMOINE

Le traitement métallurgique de l'antimoine comprend 5 opérations distinctes :

1° La première a pour objet de séparer l'antimoine de sa gangue par une simple fusion : c'est la *préparation de l'antimoine cru*.

Cette opération se fait en chauffant le minerai concassé dans des pots coniques en terre, percés de trous à leur sommet et superposés à d'autres pots fermés à leur base. Ces pots en terre cuite mesurent 0 m. 30 de hauteur, sur 0 m. 20 de diamètre ; leur capacité leur permet de contenir 10 kil. de minerai.

Les pots sont placés dans une sorte de fossé revêtu de briques ou mieux dans des fours à réverbère qui en contiennent de 50 à 60 ; ces fours sont tantôt à sole unique (fig. 3), tantôt à 2 étages (fig. 2). Dans le four de Malbose (fig. 1), on fait usage de quatre cylindres verticaux en terre cuite, disposés sur deux rangées et chauffés par trois foyers parallèles. Aux quatre cylindres correspondent quatre pots, munis intérieurement d'une ouverture par laquelle s'écoule le minerai fondu qui vient tomber dans le pot inférieur, dit *pot à boulet*. Chaque cylindre contient 200 kilogrammes de minerai. la liquation dure environ 3 heures.

Les frais sont de 31 fr. environ par tonne de minerai et la perte est de 25 à 30 % ; la fusion, en effet, est toujours incomplète, la gangue reste imprégnée de matières fondues, et, en outre, une partie du sulfure, sous l'influence de la chaleur, parvient à se griller.

Le sulfure, enrichi par liquation, contient de 60 à 65 % d'antimoine.

2° *Grillage de l'antimoine cru.* — Ce corps est d'abord pulvérisé à la dimension de petits pois, puis grillé dans un four à reverbère à sole en fonte : on ne doit chauffer qu'au rouge faible, afin d'éviter la fusion. L'opération dure de 5 à 6 heures, pendant lesquelles on brasse la masse au moyen d'un long ringard de fer. Le sulfure a alors perdu sa couleur grise, métallique et se trouve transformé en une autre matière rougeâtre : on laisse refroidir et on défourne. Il y a une perte de 1 à 5 % d'antimoine par volatisation.

Ce minerai grillé contient de l'oxyde, de l'antimoniate d'antimoine et un peu de sulfure échappé à l'oxydation ; il faut maintenant le transformer en métal.

3° *Réduction du minerai grillé à l'état de régule.* — Elle se fait dans des creusets ou au four à reverbère. Les creusets sont en terre réfractaire et peuvent contenir chacun 12 k. de minerai grillé, mêlé avec 10 % de charbon de bois ou d'anthracite et avec de 7 à 15 % de sel marin et de carborate de soude ou de résidus provenant de l'affinage du salpêtre. Les creusets rangés à côté les uns des autres dans des fours carrés ou dans des fourneaux de galère, au nombre de six à douze, sont chauffés à une bonne chaleur. On laisse refroidir, on casse les pots, on en retire le *régule d'antimoine* et la scorie ou *crocus* dont nous avons parlé à propos des couleurs.

Lorsque cette opération est faite au four à reverbère, on charge d'abord 100 à 150 kilos de scories alcalines, puis lorsqu'elles sont fondues, on introduit par petites quantités à la fois, le mélange d'oxyde d'antimoine et de charbon, que l'on plonge dans le bain liquide afin d'empêcher la volatisation de l'oxyde. La charge est de 200 kilos : on chauffe pendant 4 à 5 heures, puis on donne un coup de feu et on coule. La perte en antimoine pour un minerai riche est d'environ 15 %.

4° *purification du régule.* — On fond, dans des creusets, à l'aide de nitre et de carbonate de soude, le régule impur obtenu ; on le purifie en le faisant fondre 2 ou 3 fois successives, en lui ajoutant les scories des opérations précédentes. On obtient ainsi le régule bien cristallisé sous la forme de pains à surface étoilée. Cette 4e opération enlève au régule le soufre, les métaux alcalins, le fer et le zinc.

5° *Traitement des fumées.* — Cette opération se fait comme celle du minerai grillé.

Perfectionnements. — Dans plusieurs pays et notamment en France, on emploie, depuis une vingtaine d'années le *four à manche*, système Herbertz ou le simple cubilot ordinaire *soufflé à la vapeur*, pour oxyder directement les minerais d'antimoine, soit en vue de la préparation du *blanc d'antimoine* (V. à l'article " couleurs ", la méthode Bobierre), soit en vue de la réduction ultérieure pour l'obtention du métal.

Ces nouvelles méthodes ont abaissé les frais de traitement d'au moins 30 %. Ils étaient d'environ 201 fr. par tonne, dans la méthode du creuset et de 160 à 170 fr. dans celle du reverbère.

Plusieurs découvertes récentes ont encore amélioré la métallurgie de l'antimoine.

Dans le procédé Cookson, notamment, on charge le minerai d'antimoine sur un bain de sulfure de fer maintenu en fusion chaude dans un four à reverbère.

Les proportions respectives de bain et de charge de minerai sont calculées de manière que, lorsque le bain fortement chauffé et la charge, relativement fraîche, de minerai et d'agents réducteurs sont mis en contact, il ne puisse en résulter une réduction de chaleur assez considérable pour empêcher la décomposition rapide du minerai. (1).

D'autres inventeurs ont proposé le grillage du minerai, additionné de chaux, au cubilot Bessemer, soufflé à la vapeur ; ou bien encore la distillation, en atmosphère oxydante, du sulfure naturel, soit dans le four allemand système Spireck, soit dans le four français à cornues, employé à Carcassonne par M. Rasse-Courbet.

Enfin, l'électro-métallurgie a permis de réaliser le traitement intégral des minerais d'antimoine, la préparation du métal pur et la récupération des métaux précieux.

Nous ne décrirons pas les divers procédés qui dérivent tous du même principe d'électro-chimie. Ils diffèrent entre-eux par la nature des bains et la constitution des électrodes.

Les fluorures, dans le procédé Betts, paraissent avoir donné d'excellents résultats. (2)

(1) On trouvera la description de la méthode Cookson dans *L'Echo des Mines et de la Metallurgie*.

(2) Voir *Electrical Review*, 23 Février 1906.

MÉTALLURGIE DE L'ANTIMOINE

four chauffé par
3 foyers parallèles.

LÉGENDE :

EE. Cylindres en terre.

FF. Ouvertures d'écoulement.

DD. Pots à boulet.

GG. Couvercles de chargement.

Fig. 1. — **Traitement de l'antimoine par la méthode de Malbosc** (Ardèche).

Fig. 2. — **Traitement des minerais en Hongrie.**

F. Foyer.
CC. Pots supérieurs.
C' Pots inférieurs.
A. Canal de communication.

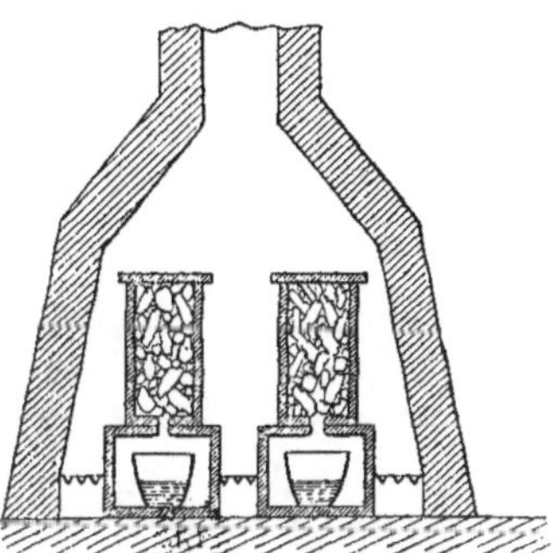

Fig. 3. — **Préparation de l'antimoine CRU.**

TABLE DES MATIÈRES

PRINCIPAUX OUVRAGES DU MÊME AUTEUR

HYGIÈNE & TECHNOLOGIE

L'Autojonction, Système B. S. G. D. G. de traduction automatique des signaux Morse : appels d'incendie et de téléphonie automatiques. 1905, 1 vol. in-4°. *(épuisé)*

La Crise du Plomb, 1 vol. in quarto avec gravures. 1905 (5 fr.) Gravures et planches en couleur.. *(épuisé)*

La Contamination, (ouvrage couronné par l'Académie des Sciences et Belles Lettres de Bordeaux; 1902, avec une lettre préface de M. le docteur Dujardin Beaumetz). Nombreuses gravures et planches en couleurs. ... (5 fr.) *(épuisé)*

" Le Fibrocol " Etude sur les nouvelles couleurs inoffensives, métalliques et organiques, employées dans le Bâtiment. 11 gravures dans le texte (1905) 1 fr. 50

Technologie de l'Antimoine. — Minerais, alliages, couleurs d'antimoine. Procédés de fabrication et métallurgie. (Paru en annexe de l'ouvrage sur Une Ancienne Mine d'Antimoine), in-4°, avec planches.

La Lithine. — Ses mines françaises, son rôle biologique, son industrie, in-4° *(en prép.)*

MINÉRALOGIE APPLIQUÉE

Diagramme des Richesses Minérales de la France, 1900, en cinq couleurs.. 1 fr. »

Recensement général des Richesses Minérales Françaises. (sur demande, extraits par départements et cantons)..............(1895-1900

Carte des Richesses Minérales de l'Espagne, dénombrement des Mines. Rendement de l'Industrie extractive par Provinces, (en 5 couleurs). publication, couronnée par la Croix-Rouge Espagnole, l'auteur ayant été élu membre de la Société-Royale de Géographie de Madrid. (1901).......... 3 fr. 75

Terminologie générale du Minéralogiste prospecteur, (avec 1 planche de fossiles), 1903, définition des minéraux, des roches, des étages géologiques et liste alphabétique des mines françaises concédées jusqu'à 1902 inclus.. 3 fr. 50

Télédiagnose Minérale. Nouvelle méthode de détermination instantanée des Minéraux sans le concours du laboratoire........................ *(en prép.)*

Une ancienne Mine d'Antimoine dans le **Limousin Aurifère.** Technologie de l'Antimoine. in-4°, — Métallurgie, fabrication des couleurs et des alliages avec nombreuses gravures et planches en couleur. (1906)........ 4 fr. »

L'Or et le Mispickel. — L'Industrie française du Mispickel aurifère. — Principaux gisements. — Technologie, métallurgie.................... *(en prép.)*

www.ingramcontent.com/pod-product-compliance
Lightning Source LLC
LaVergne TN
LVHW012115170826
845678LV00001BA/474

* 9 7 8 2 3 2 9 6 8 3 4 8 5 *